中国风景园林学会规划设计委员会
中国风景园林学会信息委员会　编
中国勘察设计协会园林设计分会

Landscape
Architects

U0271549

风景园林师 **13**

中国风景园林规划设计集

中国建筑工业出版社

风景园林师

凝聚行业心力　共筑中华美梦 (代序)

中华民族美梦的内涵是综合国力的全面提高。人民生活在庆祝"双百"时达到全面实现小康的水平。不仅在生态文化和美丽中国方面尽力，而且要全面提高风景园林规划设计行业的学术水平和实际工作能力，深悟本行业国际水平战略高地的所在，凝聚全力攀高峰，并投入梦境的建设。让人们身临其境地感受美梦实现。而且一定是具有中国社会主义特色的，寓社会美于自然美，"景面文心"富于中国山水诗情画意的风景园林艺术美："人的自然化和自然的人化。"

行业的着眼点面向城乡，生态首要在保证人民的生命。对于"自其然而然"的地震我们只能采取救灾，但对于同样吞噬人民生命的洪水、泥石流和滑坡、塌方等我们要和其他行业一起开展治山、治水现代化的研究。这类灾害的本源在于地面径流量，唯绿地通过地面枝叶和地下腐殖层可吸收大量降水量。一株成年乔木一年可吸收一百多吨水，平稳地将多余的水转入地下，从而协助了水的自然大循环。还可利用山林进行分流，减少合流。在居民区邻山坡种植根深干枝庞大的防护性树林，不少树木可形成根网保护陡坡和岸壁直墙，如重庆的大叶榕护岸。四川有的草木地下根系比地上植株长7~8倍，很多新材料、新技术有待开发。

洪水根治在于疏导，以疏导保证洪水和泥石流需要的通道。这就是李冰父子深知欲传承的"安流顺轨"、"深淘滩，低筑堰"。要保证洪水运行就要挖除淤积的泥沙滩以确保容洪的过水断面积，水有所容就不必筑高堤了。

"天下为庐"也包含有不宜人居之地，还要"各适其天"。如多发性地震断裂带、主要水源保护区就有必要人口大迁移。除既有人居环境外，要把沙漠荒漠逐渐改造为人居环境。有企业用五十年将沙漠改造为人居环境的实践经验，林业治沙取得了"绿进沙退"的实际效果。这都是很艰难的过程，先难而后得。

我国城市化要成倍增长，城市化、工业化带来自然环境破坏，但并不是不可避免的。城市者，人类聚居借以生存和发展的环境也。城市化要同步纳入自然环境建设并保证同步发展。初期建设破坏了的自然资源，要以建立人工的生态系统加以补偿。京津冀城市群今年空气质量PM2.5都不达标，开源节流不可偏废，根本药方为增加绿地率，在科学绿地指标的基础上见缝插绿。

城市要有统一的建设目标，各部门都各有名目地支援城市建设，历史功绩有目共睹。花园城市、绿城、森林城市、园林城市、生态园林城市等。钱学森先生曾建议建立山水城市，是为城市环境建设的终极目标。其科学性出于中国国土60%以上是山地，艺术性则出于中国山水诗画的历史积累和持续发展的活力。他提出城市一半是绿地，相当于50%的绿地率。北欧有些国家达到这指标。不是天文数字，是可努力奋斗达到的目标。更要者，他认为中国园林是独立的艺术品，不是建筑的附属品，提出要将山水诗画循时代而渐进地融汇到城市建设中去，这是中华民族文化大复兴美梦的组成，也是我行业为之攻坚的天职。

绿地率提升，我行业要介入城市总体规划。在绿地均衡合理的分布下，再进行"见缝插针"的细部处理。屋顶花园和攀缘植物绿化近年发展迅猛。屋顶花园不占自然地面而在人工地面上绿化。物候期提前、病虫害少，具有多方面优势。在形式上要力求符合中国现代社会生活的实际需要，觅求传承和发展中华民族的文化艺术特色，自立于世界文化艺术之林。法国专家在攀缘植物绿化方面多有创新。多种、多品种混交，形体自然变化，色彩丰富而相互衬托，值得学习和研究。

科学发展观的贯彻难在实践。我们作为乙方要尊重甲方的意见，善于用学科知识贯彻正确意见。但对于不符合科学的意见要耐心说明，不应唯命是从，沦为画图工具。一次评图，要把大山削顶造大广场，这是有背地宜的。但由于甲方是高层领导，不敢违他的意见而将山顶造为广场。我说宁可不要我做，也不能做有违真理之事，这就是我们的天职。

我们在园林史研究方面、中国园林设计软件开发方面、园林植物遗传育种方面、三维测绘制模方面还有许多空白有待同仁们共同开发。我行业同仁要做好本职工作，圆此国梦。

孟兆桢

2013.9.12

contents

目 录

contents

contents

风景园林工程

园史为鉴

张国强

在社会快速转型、经济高速发展、城市化急速推进中，风景园林也面临着前所未有的发展机遇和挑战，众多的物质和精神矛盾，丰富的规划与设计论题正在召唤着我们去研究论述。

纪念汪菊渊院士诞辰百年联想有三：

一、汪师在 30 岁时"已决定专心致志地研究中国园林史了！"毕其一生，完成了 210 万言的《中国古代园林史》巨著。园史研究是在学科建设、教学编本、行政任职三者交织中进行的，经历过"造园与绿化之变"、"造园与园林之争"、"园林与生物学之论"，还有"院士"的社会活动所形成的时间压力。20 世纪 80 年代又组织起行业力量，整合起老中青三代人才投入到全国性的调研与总结之中。汪老以坚韧不拔的精神，克服崎岖道路上的种种困难，创造出园史、学科、人才三丰收的时代成果。我辈从青年学生开始，即受益于这种精神与活动，体悟到人类先贤典籍的能量，学习着从中探寻原生文明的价值和内生动力优势，启迪着自觉、自信、自立的发展精神。

二、百年屈辱、列强封锁，激励着中华民族复兴的力量。近现代学者，多立足于本专业基础上奋发扩展事业，他们分别从园艺、文化、林学、建筑、地理等专业凝聚到风景园林事业中。纵观近现代三段向外学习潮中，一是"学日"的历史经验，找回了《园冶》和"造园"；二是"学苏"的正负作用，张扬了"绿化"并以其替换"园林"；三是"学美"的艰辛现实，引进了"LA"概念，尚难以理清"古今中外"与"我"的关系，在全国风景园林事业蓬勃发展中，大学本科教育名录却被取消了十年之久。当然，国家发展主流方针，并未受高教内部矛盾左右摆动的直接影响，实践中"绿化祖国"、"实行大地园林化"、"创建园林城市"、"发展风景名胜区事业"均在快速推进，构成中华复兴大潮的有机组成部分。

三、"美丽中国"需要风景园林的精气神。汪师在园史中明确了园林学的三层次，论述了"中国山水园"的特征；钱学森先生在数论园林学中提出，中国的"园林"是"外国的 Landscape、Gardening、Horticulture"三个方面的综合，"园林艺术是我国创立的独特艺术部门"，论证了"山水城市"的发展前景；徐特立先生曾说，"古今中外法，把古今结合，中外结合，变成我的。"这些均是"中国特色社会主义"的共同目标。综观风景园林的精力源泉，在于它能满足人们的生理、心理和社会需求的本质；风景园林的元气无垠，概因天、地、水、生、人之间，能演绎出无尽的景象与魅力；风景园林的神情表现，则是真在理、善在心，美在形与神的时空组合并浑然一体。风景园林能高歌能低吟，会抗争会沉稳，有华丽有朴素，知"高端"知"前沿"，然而却常不"争抢"，而是倾心于人天和谐优美的践行路。这也是"中国梦"所不可或缺的功力。

西安

——绿色生态建设的实践与探索

西安市市容园林局／吴雪萍

西安是举世闻名的历史文化名城，是世界四大文明古都之一，是中国历史上建都时间最长、建都朝代最多、影响力最大的都城，是中华民族的摇篮、中华文明的发祥地、中华文化的代表。有着3100多年的建城史和1200多年的建都史，先后有周、秦、汉、唐等13个王朝在这里建都，有"秦中自古帝王州"的美誉，曾经是中国政治、经济、文化中心和最早对外开放的城市。

西安位于中国大陆腹地黄河流域中部的关中盆地，地处陕西省关中平原偏南地区，东以零河和灞源山地为界，西以太白山地及青化黄土台塬为界，南靠秦岭，北依渭水，其自然历史环境及台塬地形地貌有机共生，并延续至今，自然资源十分丰富。

西安不仅有悠久的历史、有丰厚的自然资源，西安还有世界级的旅游观光资源优势，国家级的科研教育和高新技术产业基地优势，区域级的金融、商贸中心和交通、信息枢纽优势。关天经济区规划的实施，国际化大都市、国际一流旅游目的地目标的确立，丝绸之路经济带建设的战略思路，为西安市的生态建设、西安的园林绿化建设提出了更高的要求，全社会全力致力于城市环境建设、城市生态建设、城市园林绿化建设成了一种责任、一种时尚。

在西安面临的生态文明、生态城市建设的新形势下，落实到城市园林绿地规划建设上来说，就是要在更大的区域内实现城市大园林的发展目标，实现园林城市向生态城市的转变，在保证绿化覆盖率的基础上，更注重城市园林绿地建设的品质化和多元化，更突出自身的历史底蕴和文化魅力，逐步实现都市区范围内园林绿地建设的同步化和协调化，引导城市园林绿地规划管理朝着"生态园林城市"的方向发展，继而实现生态城市和生态文明的目标。

一、西安绿色生态建设的历史回顾

以西安为中心的关中地区，旧石器时代曾具有原始森林覆盖，气候温暖湿润的亚热带气候特征。然而，历代建都西安，使人口大量聚积，大兴土木，在经历了十三个王朝建都的繁荣以后，关中地区也付出了巨大的生态环境的代价。

新中国建国初期西安市仅有公园绿地面积33hm²，人均仅0.5m²。第一版的西安市城市总体规划没有独立的"绿地系统"称谓和专门的图纸，在《1953-1972年西安市城市总体规划》说明文字中，有关绿地系统的文字是放在"水系统和绿地系统"标题下，与"街道系统"、"广场系统"、"建筑街坊"并列出现，此时的规划理念与思想基础，主

图1 兴庆宫公园南熏阁
图2 大庆路林带

要是将城市绿地系统理解为"公共园林",关注其休闲游憩职能,关注分布数量、形态特征、选址位置等具体问题,内容上关注于"公共绿地"的安排,重视为市民提供休闲活动场所的位置和数量。

该阶段的园林建设成果是:构建了西安城市的基本绿地结构;在工业、交通用地与生活居住区之间建设防护绿地(大庆路林带);结合道路、河流、引水渠等绿化,形成较宽阔的绿化网络(行道树的种植);建设了一批公园(兴庆宫公园)等;对大遗址进行了一定的保护。

这个时期的园林绿地种植设计特点是:封闭式园林设计(大的厂矿企业)。

改革开放以后,城市绿地的作用逐渐被重视,西安市20世纪80年代的城市总体规划中出现了"城市园林绿化专项规划"。规划指出:"西安是历史悠久的古城,古迹遗址很多,需要公共绿地予以保护。原规划绿地被占用不少,很难收回,新辟绿地也很有限。因此这次修改规划,把文物古迹和公共绿地有机结合起来,既保护古迹,又扩大公共绿地。利用断裂带、丘陵地带,修建中小公园、街头公园和带状绿地,尽可能做到公共绿地分布均衡,方便群众游憩"。

该阶段的园林建设成果:首次将历史文化名城保护和城市园林绿化有机结合;建设了一批遗址保护绿地(青龙寺一期、环城公园等)。

这个时期的园林绿地种植设计的特点:开放式园林设计(新城广场、南门广场、钟鼓楼广场、南二环等)。

2000年以后的园林建设,更加注重绿地系统的规划布局,更加注重健全绿地系统保障体系,更加注重解决中心市区园林绿化存在的问题,更加体现以人为本的理念。

在这一版的绿地系统规划中提出"以提高城市综合环境质量为目标,向综合功能和网络化方向发展,同时以全方位开放式的绿化思路,借鉴国内外成功经验,独立创新,建设西安特有的绿化风格"。

该阶段的园林建设成果:将全方位开放式的绿化理念写入规划,并提出创建西安绿化特色的目标;建设了一批主题公园、建设了一批城市绿地广场;营造城市水环境;对原有的城市绿地进行增量加强,提升绿量;启动了西安市大绿工程,强化西安的绿色屏障作用,优化城市生态小环境。

该阶段园林绿地种植设计的特点:前期——模纹花坛设计(20世纪90年代末期~2000年初期);中期——乔灌草复式设计(2000~2005年);近期——密林式种植设计(2005年以后)。

图3

图4

图5

图6

图7

图8

图3 林荫大道
图4 20世纪90年代改造的钟鼓楼广场
图5 20世纪90年代改造的南门广场
图6 丰庆公园
图7 大唐芙蓉园(来源:曲江社会事业局)
图8 牡丹园

图 9 改造后的新城广场
图 10 改造后的钟鼓楼广场
图 11 一年一度的郁金香展览

图 9

图 10

图 11

为进一步加强城市园林建设，2009 年根据西安建设和发展的需要，西安市人民政府组织市容园林局、市规划局、西安市城市规划设计研究院等编制完成了《西安市城市绿地系统规划（2008-2020）》。在本次规划中，针对西安市建设用地的现实条件，结合总体规划中确立的城市规模和结构以及"山水生态城市"及"最佳人居城市"目标，以全新的视点，提出一种新型的园林观——"城市大园林"。并提出切实保护和改善生态环境，完善城市生态绿化系统，逐步恢复"八水绕长安"的景观。

该阶段园林绿地建设的特点：更加注重生态性，贯彻乔木为主的建设理念；更加注重文化性，把西安的历史文化和城市绿色生态建设有机融合；更加注重地域性，把乡土植物的种植提高到了一个高度；更加注重人文性，提高绿地的舒适性和实用性，体现以人为本的理念；更加注重节约性，把低碳节约的理念应用到绿色生态建设中。

二、西安绿色生态建设的发展成就

自开展创建国家园林城市活动以来，西安采取规划建绿、拆墙透绿、科学护绿等一系列措施，扎实开展"绿满西安，花映古城，三年植绿大行动"活动，实施了公园、街头绿地小广场建设，三环等城市道路新增绿地项目建设，原有绿地增量加强建设，实施立交和转盘增量工程，城市出入口整治绿化，开展创建园林式单位（居住地）活动，实施大绿二期工程，渭河综合治理等一系列建绿增绿工程，园林绿化建设实现了大提速、大发展。

同时，为给广大市民创造更多的绿色空间，使公共绿地更加合理均匀，又编制完成《西安市生态绿地系统专项规划》，为保护园林植物多样性，编制了《西安市植物多样性保护规划》，为进一步优化城市水环境，编制了《西安市河湖水系规划》，实施八水润西安的工程。

近年来，西安按照"多栽树、栽大树、栽乡土树、栽乡土果树"的思路，努力实现城市园林绿化建设跨越式发展。

（一）科学编制规划，构筑园林城市绿化格局

注重发挥规划在园林绿化建设中的先导、主导和统筹作用，自 1952 年起，先后编制了四轮城市总体规划，每期都把园林绿化发展纳入城市总体规划中，同步编制，严格实施。

根据《西安市第四次城市总体规划修编》规划，编制完成了《西安市绿地系统规划（2004-2020年）》，通过了国务院批准。规划从"市域—主城区外围区域—主城区"三个层次，延续灞、泾、渭、沣等八水绕城和秦岭绿色屏障形成的山水城市格局，突出以风景名胜区、遗址保护区、自然保护区为重点，以三条环路、八条河流、十条对外主要交通干道为依托，建立城市外围生态区，加速秦岭北麓绿化，逐步建设秦岭生态区；加强河、湖水系周边的绿带建设，结合八条水系建设绿色廊道，形成城市绿色生态保护环，构筑"三环八带十廊桥"的绿化主骨架。同时依托主城区的整体景观格局，开辟绿地斑块，构成"生态基质，绿色廊道，绿地板块"的复合式绿地系统。

为构建大绿化格局，编制了《平原绿化工程规划》和《西安大绿化工程规划》。在城郊区实施大水大绿、"三北"防护林和湿地保护区建设工程，集中建设片、点、面、线四位一体的高标准生态景观林，建成优质高效的城市生态保障系统。

（二）突出文化地域特色，加快公园绿地建设

近年来，市、区两级政府、社会先后投巨资建成了唐城墙遗址公园、文景公园、永阳公园、西沣公园、海洋公园、广运潭公园、城市运动公园、丰庆公园、大唐芙蓉园、环城西苑、野生动物园、大明宫国家遗址公园、曲江池遗址公园等一批大型公园。公园建设中，西安以风景名胜区、遗址保护区、自然保护区为重点，把园林绿化与西安历史文化底蕴相互融合，在遗址公园建设中强调历史文化元素，在弘扬历史文化时，注入绿色现代气息，形成了西安独有的公园建设特点。

（三）大水大绿工程注重自然山水资源

从 2003 年开始实施大绿工程，建成了山区、平原、城市绿化三道绿色生态屏障，森林覆盖率已提高到目前的 44.99%，计划 2017 年达到 50%。2008 年启动大绿工程二期项目建设和渭河流域治理工程。未央区万亩桃园，灞桥区万亩樱桃、葡萄园，人在花中游，车在绿中行，集生态、旅游、经济发展于一体。 灞生态区以水环境治理和湿地植被恢复为重点，努力推进大水大绿工程，完成绿化面积 5300 余亩，累计形成水面面积超过 1 万亩。努力形成西安外围的生态屏障，保障西安的环境质量朝着优良优美的方向发展。

（四）街头绿地小广场建设更贴近群众

近年来，西安市委市政府每年都把小广场建设作为民心工程、重点工程来抓，在城市中心建筑密集、可供建设小广场用地十分紧缺的情况下，统一规划布局，结合旧城改造、城中村改造，采取市上统建与各区自建、市财政补贴相结合的方法，近年来全市共建成街头绿地小广场 239 个，总面积达 204 万 m^2，贴近群众心坎，方便市民休闲，大大改善了人居环境。

（五）道路绿化注重林荫化

按照树种多样、乡土为主、色彩丰富、生态绿化、突出特色、景观优美、栽植大规格苗木的原则，把道路绿化与道路建设同步进行，目前，全市道路绿化普及率 100%，达标率 96%，全市道路已形成"点成景、线成荫、片成林"的林荫路系统。

（六）城市节点建设突出植物造景

在立交桥、转盘、城市出入口等重点区域绿化，广泛种植乔木，合理进行乔、灌、花、草的规划配

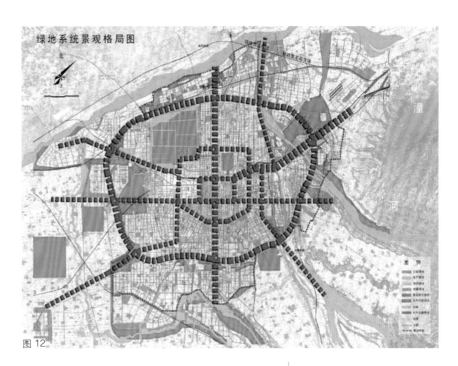

图 12

图 13

图 14

图 15

图 16

图 12　西安市绿地系统景观格局图（来源：市规划局）
图 13　环城西苑
图 14　浐灞水系建设 1
图 15　浐灞水系建设 2
图 16　城市小广场建设

图 17

图 18

图 19

图 20

图 21

图 22

置，强化城市空间和交通枢纽节点绿化效果。先后对二环、三环等地 46 座大型立交桥，18 个转盘实施立体绿化和改造，增植大树，摆放时令花卉，体现植物多样性，配置层次性，色彩丰富性，效果直观性，打造城市新绿洲。

（七）庭院绿化呈现高品质

坚持开展园林式居住区和园林式单位创建活动。紫薇家园、枫叶新都市等一大批高品位的新建居住区绿地率都在 40% 以上，新建居住区平均绿化率达到 30% 以上。对原有居住区则通过拆墙透绿、立体造绿等方式逐步改造完善，控制绿地率不低于 25%。市区现有园林式单位和园林式居住区 1012 个，占单位和居住区总数的 60% 以上，大大提升了市民的工作和生活环境质量。

（八）立体绿化景观显现

西安的立体绿化近年来也得到各方面的重视，主要形式有建筑物、墙面、花架、立交桥体、屋顶绿化等，主要品种有藤本月季、常春藤、紫藤、凌霄等。市区不少立交桥体和单位、公园等沿街透空栏杆或墙面均实施了垂直绿化，丰富了绿化景观，增加了绿量，提高了绿视率。

（九）群众植绿蔚然成风

西安市委、市政府非常重视全民义务植树，激发人民群众自觉参与植绿的积极性，"我为西安栽棵树"已在全市唱响。按照"市区同创、军地共建、条块组合，全民参与"的原则，组织多次大规模的群众性义务植树活动。通过栽植"青年林"、"教师林"、"新婚林"、"民兵林"及开展单位、居住区绿化达标等活动，使植树活动深入机关、企业、院校、部队和广大市民中。据统计，近三年有 81.6% 的适龄公民每年参加义务植树或缴纳绿化费，植树成活率达到 90% 以上。

（十）苗圃建设出现新局面

随着城市绿化建设的迅猛发展和农业生产结构的调整，大批社会企事业单位，民营企业经营的苗圃不断涌现，西安市逐步形成了以集体、个人苗圃为主导，绿化企业苗圃为主体，国有苗圃作为补充的城市绿化苗木生产体系。目前，市区近郊范围内苗圃 400 多家，全市各项绿化美化工程所用苗木自给率已提高到 80% 以上。

（十一）实施河湖水系规划，加强水环境治理，为实现八水润西安的目标奠定基础

2006～2012年西安市建成区绿地总体指标统计表

年份	建成区面积 (km²)	建成区人口 (万人)	园林绿地面积 (hm²)	公园绿地面积 (hm²)	绿化覆盖面积 (hm²)	绿地率 (%)	绿化覆盖率 (%)	人均公园绿地 (m²)
2006	261.4	326.35	8106.23	2475.79	10408.51	31	39.82	7.59
2007	267.91	331.25	8336	2520	10639	31.11	39.71	7.61
2008	272.71	336.4	8696	2625	10999	31.89	40.33	7.8
2009	283.1	341.8	9050	2700	11442	31.97	40.42	7.9
2010	326.53	342.43	10448	3253	13202	31.99	40.43	9.5
2011	342.55	343.4	12105	3581	14097	32.95	41.15	10.4
2012	375	353.42	13482	3819	15750	33.3	42	10.8

2006～2012年西安市建成区绿地分类指标统计表

年份	园林绿地总面积 (hm²)	公园绿地面积 (hm²)	生产绿地面积 (hm²)	防护绿地面积 (hm²)	附属绿地面积 (hm²)	其他绿地面积 (hm²)
2006	2106	2476	234	584	540	4272
2007	8336	2520	355	610	626	4225
2008	8696	2625	415	700	701	4255
2009	9050	2700	453	737	751	4912
2010	10448	3253	829	974	921	4471
2011	12105	3581	984	1245	1188	5107
2012	13482	3819	1311	1510	1702	5140

图23　水系治理效果图（来源：
　　　西安市水务局）
图24　八水绕长安规划总图
　　　（来源：西安市规划局）

三、西安绿色生态建设的总体思路

（一）统筹区域生态系统，优化宏观生态环境，构建区域安全生态格局

　　古都西安的历史演进始终沿着地理环境的文化脉络，并融入各个时代的精神，延续"八水绕城、天人合一、经纬龙骨、汉唐精神"的城市文脉，通过九塬六岗、大水大绿突显地域环境的城市特色。

　　西安在园林建设中依据生态优先的原则，引导城市结构合理发展：以交通轴为导向，功能区为实体，生态林带为间隔，用一、二、三环绿化隔离带控制城市连片发展，发展外围新城，将生态系统与城市功能区有机融合，形成"九宫格局、一城多心"的虚实相间城市空间布局结构，在此基础上，建立城乡一体的生态体系，即：延续城市历史上所形成南依秦岭，北临渭河的生态型"山水"空间形态，在北部形成横贯城市的大遗址绿带，南部形成以神禾塬、少陵塬、白鹿塬为主的外围绿色生态背景，恢复历史上的"八水绕城"并发展到未来的"八水润西安"，将自然空间引入城市，形成水中有绿、绿中有城，城与自然和谐交融、富有特色的城市生态布局结构。

图23

图24

（二）形成与历史文化环境相适应的绿地系统

西安园林建设的关键是突出城市文化特色和城市地域特色。进行城市园林建设不仅要保护城市的历史文化要素，而且要结合历史文化要素建设生态环境氛围，用"可持续发展的理念"来统领城市建设，建立城市生态与城市景观相协调的环境，以绿色生态为核心，以人文为主线，以景观为载体，以空间优化为基础，使城市土地资源的利用达到生态、社会、经济三大效益的优化，从而使城市向生态系统良性化方向演进。

西安园林建设的一个亮点就是将文物保护与绿化生态建设结合起来，依托历史文化遗迹及交通干线的林带绿地系统，在城区的遗产保护中，采取"开天窗"和"找出来、串起来"的方式，尽可能地做到绿地开放空间建设和文化遗产保护的有机结合，形成依托大遗址和重要历史文化遗产的绿地保护系统，凸现城市特色，增强绿地景观。

（三）构筑"三环八带十廊道"的绿化主骨架

依托占市域面积 45% 的南部秦岭山地，建设绿色生态保护区；在主要河流的交汇处划定湿地生态保护区；在北部沿渭河及塬坡建设泾渭林带；在东部临潼以北、渭河以南建设渭河林带；建设洪庆塬、白鹿塬、神禾塬、少陵塬等生态保护区，形成依山抱水的良好生态基质。在主城区与组团、新城之间建设绿化隔离带；以城市环路、主要河流、对外主要交通干道两侧的绿地为主，构成"三环八带十廊道"的绿化结构。

为了满足居民日常休闲、健身等活动的需要，西安市在城市建设中，不仅注重外围区域的生态环境大背景，更注重和居民生活息息相关的绿地小广场的建设，在老城区实施"l31"工程，即一条路、300m 间隔、有不小于 100m² 的绿地小广场。在新城区实施"l33"工程，即一条路、300m 间隔、有不小于 300m² 的绿地小广场。

（四）实施八水润西安规划，营造城市水环境

西安南依秦岭，北临渭河，自古就有"八水绕长安"的美景，历史上也曾有"陆海"之称，且有较多水面。近年来，西安市在结合保护利用历史遗迹的基础上，建设了一批重点水利项目，生态水环境日益改善，"东有 灞广运潭、西有沣河昆明池、南有唐城曲江池、北有未央汉城湖、中有明清护城河"的城市水系新格局正在逐渐形成。根据水生态体系建设的思路，进行综合治理的总体布局，包括"5

引水、7 湿地、10 河系、28 湖池"，即 571028 工程。

—— "5 引水"保障生活、生产用水，补充生态景观用水：对灞（浐）河、荆峪沟、大峪水库、皂河、沣河进行生态引水，实现城市景观水循环，改善城市水景水质。

—— "7 湿地"生态修复：开展浐河灞桥湿地、灞渭湿地、泾渭湿地、沣渭湿地、黑渭湿地、浐渭湿地、浐渭人工湿地的生态建设修复工程，以生态保护为主，亲水娱乐、科普教育为辅，打造原生态的休闲观光湿地公园。

—— "10 河系"综合整治：作为水系规划的重点，要以防洪保安全、生态促发展的理念，开展浐河、灞河、泾河、渭河、沣河、涝河、潏河、滈河、黑河水系、引汉济渭水系 10 条河流的综合治理与利用，在满足城市防洪标准的基础上，改善河流的水生态环境。

—— "28 湖池"格局构建：在建成的汉城湖护城河、未央湖、丰庆湖、雁鸣湖、广运潭、曲江南湖、芙蓉湖、兴庆湖、大明宫太液池、美陂湖、樊川湖、阿房湖生态湖泊的提升建设基础上，开展昆明池、汉护城河、仪祉湖、堰头湖、沧池、航天湖、天桥湖、太平湖、西安湖、凤凰池、常宁湖、杜陵湖、高新湖、幸福河、南三环河建设，构建支撑西安城市可持续发展的水系网络。

（五）严格绿线管理，广泛宣传，树立"绿色"的发展价值观

一方面利用各种宣传媒体广泛宣传生态文明的重要性，普及生态意识，倡导人与人、人与自然和谐的生态价值观，使每个公民将自己作为生态文明城市中的一分子，在享受城市提供的一切条件的同时，自觉保护和建设城市生态环境，树立生态伦理道德观。另一方面，严格绿线管理，不断提高全民的法制观念，形成全社会关心生态文明建设，自觉保护环境的氛围。

四、西安绿色生态建设的实践项目

1. 浐灞生态区——创新生态理念下的实践。
2. 曲江新区——唐文明与现代文明交融下的探索。
3. 大明宫遗址公园——文化复兴带动环境重塑。
4. 汉城湖——绿色氛围下的新汉风。
5. 秦岭北麓生态环境保护——绿色屏障下的天人合一。

图 25

图 27

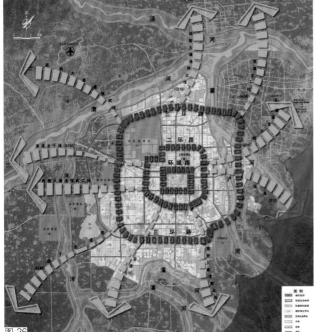

图 26

图 28

图 29

图 30

图 31

图 32

图 33

图 35

图 34

图 25　市域绿化规划图（来源：
　　　　西安市规划局）
图 26　西安市绿地系统结构规划图
　　　　（来源：西安市规划局）
图 27　水系治理
图 28　小雁塔博物院
图 29~ 图 32　浐灞生态区水系治理
图 33　大雁塔南广场
图 34　大雁塔北广场
图 35　大唐芙蓉园

6. 沣河流域综合保护利用规划——西部片区的生态景观亮点。

7. 园艺博览会——生态与艺术结合的新诠释。

五、西安绿色生态建设的发展方向

结合西安市的具体实际和园林建设实践，西安园林建设方向应该是"大""高""细"，也就是说，一是立足要"大"，要树立大西安、大生态、大都市的理念，建设大环境；二是品位要"高"，提高绿地建设品质，提高建设的艺术水平；三是着眼要"细"，要提高精细化管理水平，保证绿地功能的有效发挥。

图 36

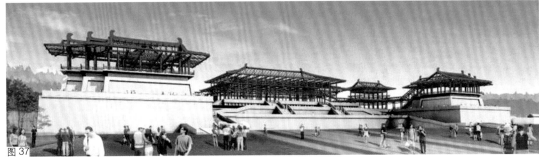

图 37

图 38

图 39

图 40

图 41

图 42

图 45

图 43

图 44

图 46

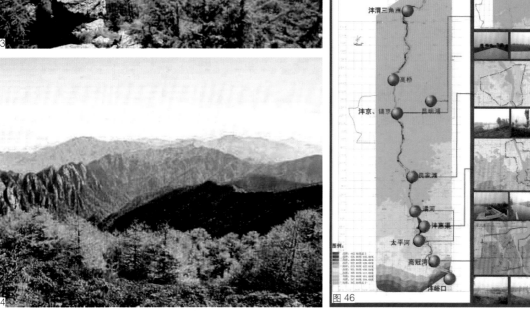

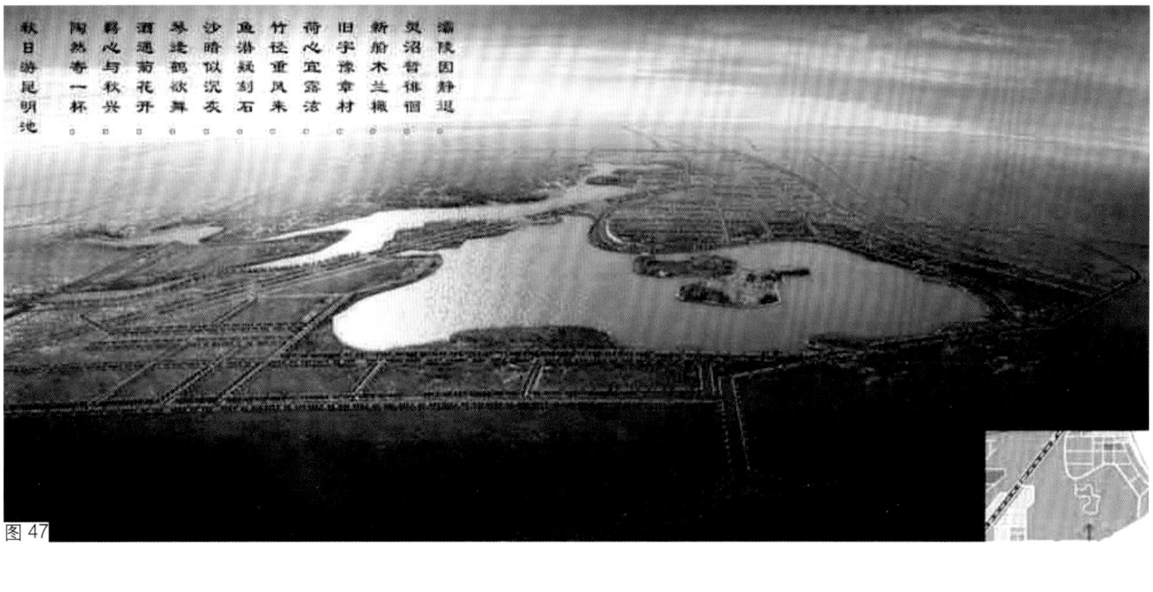

图 47

图 48

图 49

图 50

图 51

图 52

图 53

4·20 雅安芦山地震风景名胜区灾后重建规划

——"风景美"与"居民富"同频共振

四川省城乡规划设计研究院／黄东仆　王亚飞　黄　鹤　王　丹

一、雅安芦山 4·20 地震风景名胜区受灾情况

4·20 芦山 7.0 级地震对灾区内风景名胜区造成的破坏是全面的，主要是风景名胜区景观资源、管理设施、风景游赏配套设施、接待服务设施、游览环境、旅游公路及其他基础工程、居民住房、生态环境等遭受了严重的毁损，居民生产生活受到极大破坏，经济上损失巨大，对地震灾区资源保护和旅游发展产生了不利影响，但最典型的生态系统、自然景观资源基本保存完好，均具备恢复重建条件。没有动摇四川省的风景资源核心，对四川省作为我国风景名胜区资源大省的地位没有影响。

4·20 芦山 7.0 级地震极重、重灾和一般灾区 21 个县（市、区）范围内共 13 处风景名胜区，风景名胜区的核心资源景点、景区道路、管理服务设施 3 方面灾损共计约 14.55 亿元。

极重和重灾区范围（6 县 6 区）内有 6 处风景名胜区，其中，重度受灾风景名胜区有天台山、蒙山、灵鹫山—大雪峰、二郎山、夹金山 5 处，中度受灾风景名胜区有碧峰峡 1 处。该 6 处风景区是此次灾后重建规划的重点。

二、灾区风景区特征

（一）自然特征

地震灾区处于盆西高原与盆中平原山地的交接面上，区内风景区景观以高山峡谷、珍稀动植物生态资源为主要特征。地震灾区复杂多样的气候、地形、地貌及高差变化，使得该区域成为我国生物多样性最重要的地区，有着以大熊猫及其栖息地为代表的珍稀动植物资源和典型的生态系统。地震灾区处于长江三大源头——青衣江、大渡河与岷江的上游地区，是长江上游重要的生态屏障。

（二）文化特征

地震灾区古时是汉地联系西南氐羌、藏区的主要门户地区，也是自古以来通商贸易的重要交流口岸，茶马古道为代表的历史文化遗产丰富，文保单位众多。非物质文化方面，茶文化、石刻文化、红色文化、根雕文化等方面尤为突出。

（三）社会经济特点

灾区复杂多样的地形地貌，导致山多地少，用地条件及交通条件均较差，工业发展先天不足，地方经济发展滞后。2012 年灾区地方公共财政收入约为 96.8 亿元，占全省的 4.0%，城镇居民人均可支配收入为 20092 元，低于全省平均水平 215 元。

|风景园林师|
Landscape Architects
013

图 1　4·20 地震灾区在四川省区位关系图

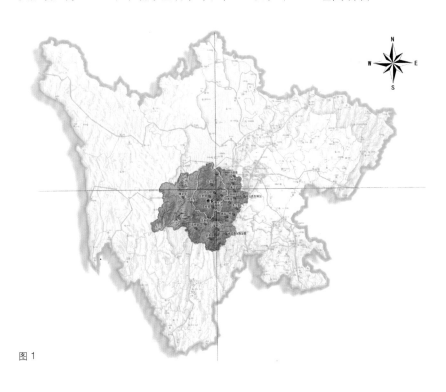

图1

三、风景区灾后重建思路

按照以人为本、尊重自然、统筹兼顾、立足当前、着眼长远的科学重建要求，突出绿色发展、可持续发展理念，将灾区风景名胜区恢复重建融入芦山地震灾后重建的总体框架之中，重点发挥风景名胜区在灾后重建中的生态环境恢复、历史文明传承、精神家园建设和旅游的资源支撑作用。通过风景名胜区恢复重建促进经济社会发展，同时，利用灾后重建中产业和空间调整的契机，优化提升风景名胜区保护与发展，使灾区人民在恢复重建中赢得新的发展机遇和新的发展平台，与全国人民一道全面建设小康社会。

四、风景区灾后重建规划目标

全面准确评估风景名胜区的灾损情况，明确恢复重建措施，建立风景名胜区的防灾避险体系，为灾后风景名胜区恢复重建工作提供规划依据，切实帮助和指导受灾风景名胜区的灾后重建；促进受灾风景名胜区的景观风貌、生态环境、游览条件、社区发展尽快恢复并得到进一步提升。

五、重建原则

（一）合理评估、分类指导

实事求是，对风景名胜区内的灾损情况进行细致、准确、合理的评估，确定受灾损失。在风景名胜区灾损评估的基础上，有针对性地确定风景名胜区各分项内容的恢复重建指导措施，有效地指导风景名胜区的恢复重建工作。

（二）统筹规划、科学重建

统筹风景名胜区基础设施、公共服务设施、生产设施、城乡居民住房建设，统筹群众生活、产业发展、新农村建设、扶贫开发、城镇化建设、社会事业发展、生态环境保护各项事业，科学制定灾后重建规划。

立足当前，着眼可持续发展，适度超前考虑，体现风景名胜区恢复重建对灾区经济社会发展的领头作用。

（三）以人为本、民生优先

把以人为本、改善民生放在首位，充分尊重受灾群众意愿和当地民族风情，优先恢复风景名胜区

图2

图3

内与居民生产、生活息息相关的各项设施，并通过风景名胜区发展改善地区生产生活条件，带动周边居民发展致富。

（四）政府主导、社会参与

应纳入当地（市、县、区）的整体灾后重建工作计划中，在各级政府主导下，自力更生，不等不靠，广泛动员社会力量参与风景名胜区灾后重建工作。

六、重建计划

（一）恢复重建分类方案

根据风景名胜区受损程度，以及风景名胜区的知名度高低、价值大小、在区域旅游中的地位与作用，将受灾风景名胜区分为：重点恢复风景名胜区、重点建设的风景名胜区、一般恢复风景名胜区和新申报的风景名胜区共四类，作为恢复建设、资金安排以及不同管理方式的参考。

1. 重点恢复的风景名胜区：是知名度高、具有较好恢复开放条件的省域旅游主要风景名胜区，以恢复游览为重点，满足风景旅游的重建需要。重点恢复风景名胜区的风景游览和服务设施要求基本达到灾前水平。重点灾区内为天台山、蒙山、碧峰峡3处。

2. 重点建设的风景名胜区：是具有较高风景价值，受损程度较轻，但现状开发建设较为落后风

景名胜区，其开发建设对灾区经济恢复具有较大提升作用。重点建设的风景名胜区的风景游览和服务设施要求基本达到先进水平。重点灾区内为二郎山、灵鹫山—大雪峰、夹金山3处。

3. 一般恢复的风景名胜区：受损程度较轻，有一定市场号召力，主要服务周边游客，能迅速恢复开放运营的风景区。重点灾区无一般恢复的风景名胜区。

4. 新申报的风景名胜区：受损程度较轻，景观资源价值较好，其开发建设对灾区经济恢复具有较大的提升作用，要求尽快编制申报报告，并上报风景名胜区管理部门。重点灾区内为天河1处。

（二）编制各风景名胜区灾后重建规划

为了保证风景名胜区恢复重建工作科学有序进行，各受灾风景名胜区应尽快编制灾后恢复重建规划，如二郎山、碧峰峡、蒙山等风景名胜区无总体规划的，灾后恢复重建规划可与风景名胜区总体规划的编制相结合。

风景名胜区灾后重建规划重点内容包括：灾损调查与评估、地质安全性评价、优先开放的景区景点、管理与旅游服务设施规划、游览道路交通规划、基础工程设施规划、生态环境恢复和地质灾害治理、居民点调控等内容。

（三）风景名胜区开放时序

根据各风景名胜区的灾损评估分级、恢复重建分类以及交通条件、游览条件、对经济社会发展的重要性，确定规划范围内风景名胜区的开放时序，作为资金安排与管理的参考依据。规划将风景名胜区的开放分为3个阶段，第一阶段主要是优先开放的风景名胜区，包括知名度高、影响力大、有条件恢复开放的重点恢复类风景名胜区以及受灾程度轻的风景名胜区，重点灾区内为天台山、碧峰峡2处风景区；第二阶段主要是中度受灾或严重度受灾以及有条件恢复开放的风景名胜区，重点灾区内为蒙山1处风景区；第三阶段主要是重点建设类和新申报类风景名胜区，重点灾区内为二郎山、夹金山、灵鹫山—大雪峰、天河4处风景区。

（四）发展新的区域旅游"川西旅游小环线"

川西旅游环线是四川省一条重要的旅游线路，主要线路为成都—都江堰—四姑娘山—小金—丹巴—八美—塔公—新都桥—康定—泸定—天全—雅安—成都，以该旅游线穿越规划区的线路为主轴，在规划区形成南北两条川西旅游小环线。

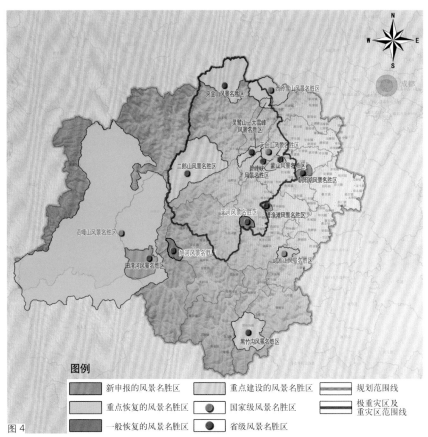

图4

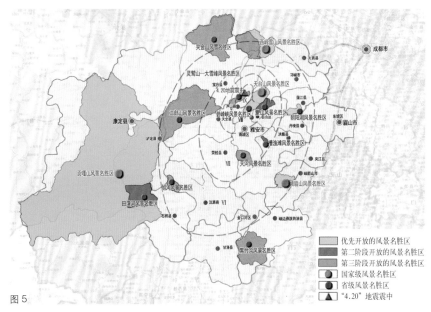

图5

重灾区风景名胜区开放时序一览表

开放阶段	风景名胜区名称	级别与所属县（市、区）	建议开放时间
第一阶段 （2处）	天台山	国家级，邛崃市	2013年内局部开放
	碧峰峡	省级，雨城区	2014年内全部开放
第二阶段 （1处）	蒙山	省级，名山区	2013年内局部开放 2014年内大部分开放 2015年后全部开放
第三阶段 （4处）	二郎山	省级，天全县	2014年内局部开放 2015年内大部分开放 2015年后全部开放
	夹金山	省级，宝兴县	
	灵鹫山—大雪峰	省级，芦山县	
	天河	省级，雨城区	

1. 川西旅游北小环线

川西旅游北小环线主要加强雅安市北部区域景区与周边热门景区之间的联系，线路走向为：成都市—大邑县—西岭镇—芦山县大川镇—宝兴峰桶寨—夹金山—小金县—丹巴县—泸定县—天全县—雅安雨城区—名山区—邛崃市天台山——成都市。该线路以大熊猫生态观光、川西自然生态观光及民俗风情、康巴文化观光及康巴风情体验、红军文化观光及体验、川西雪山温泉度假等为主题。

环线串联了规划区内的西岭雪山、灵鹫山—大雪峰、夹金山、贡嘎山、二郎山、碧峰峡、蒙山、天台山等风景名胜区。

2. 川西旅游南小环线

川西旅游南小环线主要加强雅安市南部区域景区与周边热门景区之间的联系，线路走向为：成都市—蒲江县—雅安市名山区—雨城区—芦山县—天全县—泸定县—石棉县—汉源县—金口河区—峨边县—峨眉山市—乐山市—眉山市—彭山县—成都市。该线路以峨眉山—乐山大佛世界遗产、川西自然生态观光及民俗风情、红军文化观光及体验、阳光休闲度假、川西雪山温泉度假等为主题。环线串联了规划区内的朝阳湖、蒙山、碧峰峡、灵鹫山—大雪峰、二郎山、贡嘎山、田湾河、黑竹沟、峨眉山等风景名胜区。

（五）建立风景名胜区的地震防灾体系

1. 避难场所

利用风景名胜区内的广场、开敞地作为避难场所。

2. 避难路径

结合游览道路确定避难通道，在地震发生时作为引导疏散游客至避难场所的路径。避难通道避开建筑、围墙、地质不稳定山坡等易影响通道畅通的地段。

3. 标识系统

结合风景名胜区标识标牌系统建设，设立风景名胜区地震避难场所和避难路径的指示系统，在地震灾害发生时能够准确、快速的引导游客。

4. 物资储备

结合风景名胜区的日常经营储备必要的食品、饮用水等生活物资，同时储备发电机、帐篷、棉被等应急救灾物资。

5. 防灾管理

进行日常的防灾管理，对容易产生泥石流、滑坡、落石等地段采取防治措施，早发现、早处理。同时制定地震灾害应急机制。

6. 安全监测系统

监测项目包括地质灾害监测、火险监测、森林病虫害监测、自然灾害与环境事件管理、景观安全管理、生态安全管理等。国家级风景名胜区安区监测系统可在住房和城乡建设部要求的风景名胜区监管系统的基础上扩展完善。省级风景名胜区安全监测系统视条件，结合省住房和城乡建设厅开展的省级风景名胜区综合整治逐步推进。

（六）技术要求

为了有利于指导风景名胜区的灾后重建工作，并引导灾后重建工作朝着有利于风景名胜区保护和优化发展的方向进行，规划将风景名胜区的恢复重建工作内容分为自然风景资源、人文风景资源、安全游览、旅游与管理服务设施、道路交通、基础工程设施等6种类型，针对这些类型的不同特点提出分类指导的技术措施。

（七）重建规模

本规划的灾后重建项目内容主要针对各受灾风景区内与风景游赏有关的各项恢复重建内容，包括风景资源、管理设施、风景游赏配套设施、景区道路和其他基础工程等。规划范围风景区灾后功能重建总投资约16亿元。其中，重点灾区内风景名胜区总投资约10亿元，一般灾区内风景名胜区总投资为6亿元。

其他与风景区有联系的相关内容则依据相关专项规划纳入其他部门的资金统计：对外区域性交通依据交通部门的相关灾后重建规划，外围和风景区

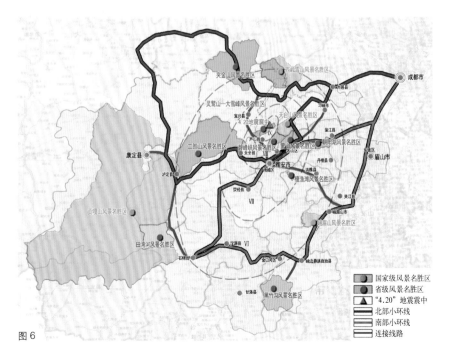

图6

内部的旅游村镇、居民安置点依据城镇管理部门的相关灾后重建规划，地质灾害治理等依据国土部门的相关灾后重建规划，森林植被恢复等依据林业部门的相关灾后重建规划，历史文化名镇依据主管部门的相关灾后重建规划，各级文物保护单位依据其主管部门的相关灾后重建规划，大型基础设施等则依据其他相关灾后重建规划。

七、风景区灾后重建与居民社会恢复提升发展

根据习近平总书记"以人为本、尊重自然、统筹兼顾、立足当前、着眼长远"的科学重建要求，风景名胜区灾后重建要把以人为本、改善民生放在首位，优先恢复风景名胜区内与居民生产、生活息息相关的各项设施，注重风景区内的居民住房恢复重建和特色产业恢复重建与风景区恢复重建的融合。

(一) 以生态型产业发展夯实居民的经济基础

风景区内农村居民由于地理、历史等原因，还普遍承续着传统的农业生产习惯，其使用工具落后、科技含量低、产品产业单一，生产力水平低下、不注重生态环境，思想观念落后的特征严重制约农村经济社会的发展，特别是在风景区实施大面积退耕还林以后，传统的农业生产格局受到了更加严峻的挑战。

如何利用现有的有限土地，发挥出更大的经济效益，而且不能以牺牲风景区生态环境为代价，则只有加快原有传统农业经济的调整与转型，依托风景区良好的生态环境及特征，以"林"为主，着力抓好生态建设，大力发展有机农业、绿色农业、种植景观好、附加值高的经济林（比如茶园），发展林下生态型养殖业、中药材种植、山野菜种植等具有山区特色生态型产业。在产业发展中可依托雅安四川农业大学的科技人才优势，提升农产品科技研发与应用水平，实现传统农业向现代科技农业转型跨越。在生态优先的前提下发展农村生态型产业，既实现了对风景区荒山、疏林地的景观培育，又将农业综合开发和增加农民收入结合起来，使风景区居民的收入增长得到很好的保障。

(二) 通过新农村建设改善居民居住环境，保护和提升景区风貌

现状居民分布大量以分散居住为主，由于村庄及农房建设缺乏规划引导，大部分村庄行路难，没有公共设施、没有集中供水、没有排水和污水处理系统、垃圾随处丢放等问题突出，对风景区整体风貌环境造成不利影响，部分农家乐集中区域生态环境问题更加突出。

面对上述问题，可充分利用灾后重建的契机，将风景区的农村住房重建与新农村建设相结合，鼓励风景区内居民相对集中居住进行农房恢复重建，严格按照新村规划建设标准进行建设，注重统筹好镇（乡）、村基础设施和公共服务设施建设，突出产村相融，保护和提升民居景观风貌。部分文化特色鲜明、建筑风貌突出的新村，还可发展成为风景区内新的景点或旅游接待设施区。按照有利生产、方便生活的原则，科学合理考虑道路、给水排水、环卫及绿化等公用设施布局。实施乡村清洁工程，推进畜禽养殖污染治理，建设垃圾集中转运系统，因地制宜建设农村污水处理设施，推广使用清洁能源。通过加强风景区灾后重建中的新农村建设，既改善了居民生活环境，又更好地保护和提升了风景区风貌环境。

(三) 新农村建设点作为风景区旅游设施的重要组成部分

灾区大部分风景区开发建设尚未成熟，如灵

图7

图8

图 9 景区内具有旅游服务功能
居民点风貌示意

图9

鹫山—大雪峰、夹金山等风景区尚处于开发建设的初始阶段，景区旅游接待服务设施不够完善。在风景区灾后重建的旅游设施布局中，优先考虑新农村建设点作为风景区旅游设施区，在此基础再配套少量高档宾馆设施，从而形成风景区完整旅游接待服务系统。该类具有旅游服务功能的新农村建设点，除了常规的依托新农村建设配套外，应根据风景区游览需求，建设具有浓郁民俗风情的餐饮、住宿、娱乐、购物等设施，成为风景区游览设施的重要组成部分，开发乡村休闲观光旅游、民俗风情体验旅游、农家乐旅游、村落古镇观光旅游、乡村生态度假旅游等多类型的乡村生态旅游产品，实现景区和社区互动发展。

将新农村建设点与风景区旅游设施建设结合，对于风景区来说，可大大减少风景区内的建设量，有利于保护风景区的生态环境，还可有效节约区内本就十分珍贵的土地资源；游客通过在村落逗留并与当地村民交流接触，可以更好地了解当地的文化和生产生活习俗，获得更为丰富的民风体验，从而使得整个游憩过程更加完整和富有参与性。对于当地居民来说，游客的流动带动了信息的流动、资金的流动、人才的流动，使"面朝黄土背朝天"的农民能了解更多外面的世界，促进了当地农民思想观念、价值观念的改变，带动农村的精神文明建设；另一方面，让居民直接参与到旅游中来，实现了居民就地就业和就地致富，并带动了第一、二、三产业的协调发展，为风景区广大农村地区可持续发展提供了强劲的经济增长动力。

（四）坚持走有组织的集体发展道路

灾区风景区内的农村产业要发展，必须走扩大生产和经营规模的道路。在没有集体经济的带动的情况下，要靠灾区群众依靠一家一户的力量，自己寻找解决生计的新路子、引进新的生产项目、学习新的技术、开发新市场等等，是非常困难的。在风景区内组建林、竹、茶、药、果、蔬、禽、乡村旅游等类型的农民专业合作社，发展农村集体经济，有利于提高农业生产的组织化程度，形成农产品品牌，提升农产品的竞争力和质量安全水平，实现规模效益，推动当地优势农产品生产和特色产业发展，做大名优特新农产品规模，从而实现带动灾区群众就业与致富增收。

八、结语

风景区的生态质量的保护和提升，景观（特别是田园、村落景观）的优化完善与居民息息相关，一个成熟的风景区必然居民的社会经济活动是与风景区的保护和利用有机结合的，居民通过旅游活动致富、安居乐业，有更大的积极性去保护风景区的生态和景观。因此，"风景美、居民富"是不可分割、相辅相成的。

项目组成员名单
项目负责人：黄东仆
项目参加人：王亚飞 黄鹤 王丹
项目撰稿人：黄东仆 王亚飞 黄鹤 王丹

长江三峡风景名胜区总体规划

中国城市规划设计研究院风景园林所／邓武功　刘　栋

风景一词出现在晋代（公元 265～420 年），风景名胜源于古代的名山大川和邑郊游憩地及社会选景活动。历经千秋传承，形成中华文明典范。当代我国的风景名胜区体系已占有国土面积的 1%（9.6 万 km²），大都是最美的国家遗产。

一、规划背景

长江三峡风景名胜区（以下简称风景区）位于长江上游，地跨重庆市与湖北省，是我国第一批国家级风景名胜区（1982 年）。

长江三峡因瞿塘峡、巫峡、西陵峡三处险峻壮观的江峡景观而得名，自古以来就是中国著名的风景文化圣地。风景区内山川壮美，华夏文明源远流长，巴楚文化交汇融合，民俗风情自成一脉，以源远流长的长江文明为底蕴，世界著名的长江三峡和宏伟的三峡水利工程为风景特征，是集风景游赏、文化探源、生态涵养、休闲度假及科研教育等功能为一体的国家级风景区。

由于多种复杂的历史原因，风景区一直没有编制一部完整的总体规划，导致区内保护、利用、建设与管理无章可循，问题迭出。自 20 世纪 90 年代世界上最大的水利枢纽工程三峡大坝建设以来，由于告别三峡游、三峡绝唱游等"自杀式"旅游宣传的舆论误导，国人纷纷误认为大坝建成后三峡就会消失，因此蜂拥而至，形成三峡史上最大的旅游热潮，远远突破风景区游览的承载能力，致使三峡美誉和口碑急速降低。热潮过后，三峡旅游进入漫长的萧条期，发展步伐远远落后于同时期黄山、泰山等风景区。

为了重整、重振三峡风景，2009 年 7 月，住房和城乡建设部牵头成立了长江三峡风景区总体规划协调小组，聘请建设部原副部长、两院院士周干峙担任总顾问，由住房和城乡建设部城建司、重庆市政府、湖北省政府协力组织编制长江三峡风景区第一部完整的总体规划。

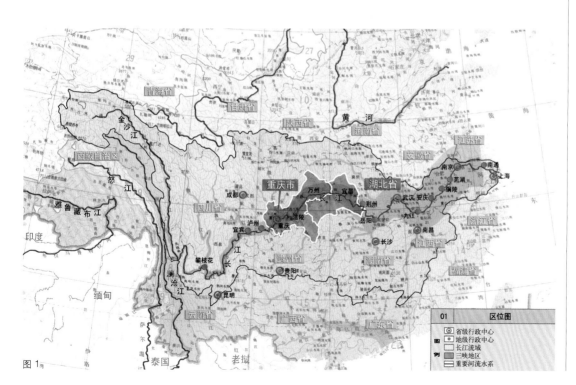

图 1　区位图

图 2

二、现状问题

风景区拥有世界级的风景名胜资源，但因其涉及 13 个市区县以及众多利益主体，再加之葛洲坝、三峡大坝等重大工程的建设过程中对自然环境、社会环境等方面的巨大影响，风景区整体情况异常复杂，存在着众多的矛盾，主要包括以下 5 个方面：

（一）三峡水库建设影响大，需重新准确认识风景资源

三峡水库建成后，水位上升，风景资源有的被淹没、有的改变了环境、有的搬迁别处，也新出现了很多风景资源，这些都需要重新评价，尤其是三峡大坝蓄水后，河道平均水位抬高 100 余米，对风景区的影响到底有多大，如何来评价？另外，由于水库的水位变化较大，形成约 40m 的消落带，低水位线时期消落带出露水面，景观风貌较差，需采取措施尽量削弱此类影响。

（二）相关建设品位低，降低了景源价值，破坏了风景环境

风景区存在两类建设问题，一是风景游赏设施建设水平低、效果差，例如丰都名山新建 5 层楼高玉皇大帝像，将风景建设商业化、娱乐化，还将原有的鬼城文物古建筑群拆除新建，完全是一种文化阉割和破坏自然美景的极端行为。二是沿岸城镇多、居民多，经济发展又相对落后，发展诉求强烈，因而出现破坏自然风景、污染生态环境的建设现象。

（三）风景区游览组织单一，设施不完善

目前，风景区内的游览组织主要以坐船沿江游览为主，各种交通方式转换不畅，各景区停留时间短，游览线路和游览内容都非常单一单调。现状旅游服务和设施的品质普遍不高，缺乏有效管理，游客满意度低，对游览口碑和旅游形象产生了负面影响。

（四）风景旅游发展落后，不能带动地方经济发展

近年来，风景区一方面因不当的旅游宣传导致关注度下降。另一方面没有充分发挥出风景区的旅游经济功能，游人数量少，沿江市区县旅游业规模很小、效益低。旅游收入中门票收入比重较大，起不到以旅游带动地方经济发展的作用。

（五）管理体制不顺，管理水平较低

风景区发展的关键性因素就是管理体制不完善：风景区分属重庆市和湖北省管理，由 13 个市（区县）多部门管理（建委、住建局、文物局、旅游局、林业局、国土局等等）。层级混乱、各自为政，缺乏两省市协调、自上而下的统一管理体制，无法起到综合协调管理的作用。从而造成两省市管理标准不统一、游览内容重复、争夺游览路线和游客、违法违规建设难处理等多种问题。

三、总体目标与原则

本次规划担当了"重新认识三峡、重新塑造三峡、重新发展三峡"的历史任务，以全面实现长江三峡风景区的统一管理、保护自然和文化遗产资源、全面发挥风景区的综合功能、促进风景区与城乡协调发展、争取早日列入世界遗产等为目标，促进风景区能力建设，提高保护、管理和服务水平，使之成为我国一流的风景胜地。

为此，规划按照国家资源保护、文化传承、统筹发展、前瞻引导、可操作性等原则对风景区的未来发展进行谋划。

四、风景资源评价

本次规划针对风景区范围广、情况复杂等难点，在风景资源评价中采取"景点评价与景群评价相结合、蓄水前后风景资源相比较"的方式进行综合评价，对风景资源进行准确而全面的分析定位。

（一）风景资源特征

风景区的总体资源特征可概括为："雄浑的名山大川，珍贵的历史遗存，壮美的地质奇观，珍稀的生物景观，独特的民俗风情，奇幻的天景天象，伟大的工程胜迹，无私的移民情怀"。

（二）景点评价

规划共归纳整理景源715处，甄选394处进行分类评价，最终选取其中的361处作为景点并进行分级评价。评价结论为：风景区内的风景资源分属2大类、8中类、37小类，景源类型丰富。自然资源占景源总数的61.2%，其中地景类型景源数量最大，占景源总数的40.9%，体现出因复杂的地理因素而形成的山景、峡谷、石景、洞府等风景类型是其资源的主体。二级以上（特级、一级、二级）景点占总数的41%，体现出整体风景资源价值较高的特征。

（三）景群评价

风景区范围大，景源多，且单个景源规模也较一般风景区大很多。部分景源在空间位置、景观联系、文化背景等方面关系密切，仅对单个景源景点进行评价无法体现其整体价值。针对风景区的这一特点，规划增加了景群层面的评价，从而更准确地对风景资源的景观价值、文化价值和游赏价值进行分析。

本次规划确定景群共19处，从景观类型来看，综合型与峡谷型景群所占比例较高，占总景群数量的58%。通过景群分级评价得出：当风景区内的部分景点以"景群"的方式组合时，其资源价值全面提升，成为风景区内价值较高、具有代表性的风景资源，如白帝城景群、瞿塘峡景群、屈原八景景群、巫峡十二峰景群等。

（四）风景资源变化分析与评价

三峡库区蓄水后，由于水位上涨、水位季相性高低变化，以及自然耗损和保护不当等原因，区内

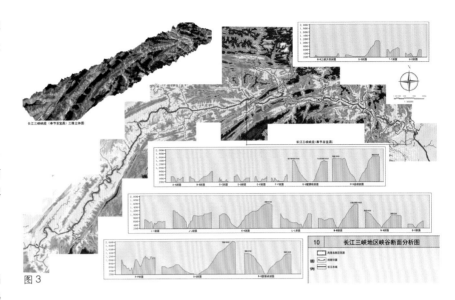

图3

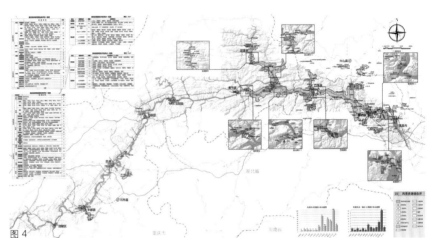

图4

景群分类评价一览表

景观类型	重庆段	湖北段	数量	比例
山岳型	巫峡景群	大面山景群、薄刀峰景群、三游洞景群	4	21%
峡谷型	小三峡景群、小小三峡景群	神农溪景群、莲峡河景群、泗溪瀑布景群、白马大峡谷景群	6	32%
岩洞型	—	无源洞景群	1	5%
史迹型	大昌古镇景群、宁厂古镇盐文化景群	车溪民俗景群	3	16%
综合型	龙脊岭景群、瞿塘峡景群	屈原八景景群、灯影峡景群、三峡大坝景群	5	26%

景群级别评价一览表

景群级别	景群名称		景群数量	所占比例
	重庆段	湖北段		
特级景群	瞿塘峡景群、巫峡景群	灯影峡景群、三峡大坝景群	4	21%
一级景群	小三峡景群、小小三峡景群	神农溪景群、屈原八景景群、三游洞景群	5	26%
二级景群	龙脊岭景群、宁厂古镇盐文化景群、大昌古镇景群	大面山景群、莲峡河景群、泗溪瀑布景群、白马大峡谷景群、无源洞景群、薄刀峰景群、车溪民俗景群	10	53%

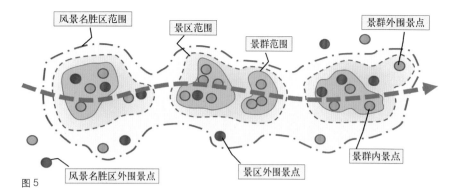

图5

图5 风景区、景区、景群、景点关系示意图
图6 总体资源分布示意图
图7 一级以上景点分布示意图

的风景资源发生了以下4个方面变化:其一,新增景点27处,淹没景点64处,景点数量有所减少;其二,长江三峡由原来的激流险滩变成高峡平湖,核心水体景观特征与游览体验发生了巨大转变;其三,区内众多文物古迹因受迁建、淹没等影响,文物古迹的原真环境有较大改变;其四,长江水位上升后,其水上游览空间得到进一步拓展,而三峡水利工程也使风景名胜区增加了新的人文内涵。

(五)风景资源分布分析

由于风景区为狭长带状的流域型景区,其风景资源分布具有一定的聚散特征。规划对风景资源分布进行分析,为景区规划及各项设施布置提供参考。根据景点数量及一级以上景点数量分布情况来看,奉节至宜昌是风景资源分布最为集中、资源价值最高的区域,也是风景区核心景观的承载区域。

(六)风景资源总体评价

长江是世界第三大河,亚洲第一大河,是中华文明的母亲河。

长江三峡风景区峡谷壮美、江水曲折、密林葱郁、物华天宝,是长江风景的精髓所在,更是中国风景的典型代表。

长江三峡风景区历史悠久,文化深厚,名景、名城、名镇沿江分布,城景交融,体现出丰富的人文积淀及民俗风貌,是多民族多文化的复合地带,在华夏历史上具有无可替代的历史文化地位。

长江三峡风景区是中国风景代表之峡、华夏历史渊源之峡、人类科技壮举之峡、中华情感寄托之峡,长江三峡风景区的自然与人文资源充分融合,具有世界自然和文化遗产价值。

五、风景区范围

划定风景区范围是本次规划的一道难题:首先,传统意义上的"三峡"上起重庆市奉节县白帝城,下至湖北宜昌南津关,全长192km。但此范围内的"三峡"含义较为狭隘,仅限"三条峡谷"本身,不能完整体现区域内历史人文和水利工程等逐步发展的脉络。其次,风景区的景源分布范围广,沿江两岸和支流纵深区域一直未明确界定范围。且沿岸城镇很多,与景源分布交织、划界复杂。由此,规划确定了如下划界原则:

1. 保证传统"三峡"完整。将瞿塘峡、巫峡、西陵峡的全部范围纳入风景区范围。

2. 延续三峡历史文化内涵。三峡与其上下游的众多风景资源一脉相承,是一种自然和文化的共生关系,规划最终划定风景区不应仅仅局限在地理概念的"三个峡谷"本身,而需要整体统筹其历史文化和更大范围内地理单元的形成过程,起始于"历史水利文化典范"白鹤梁(风景区西端上溯至重庆市涪陵区),高潮于瞿塘峡、西陵峡、巫峡和"当代水利文化壮举"三峡大坝,结束于"万里长江第一坝"葛洲坝(长江干流首座大型水电工程),确保三峡自然环境、历史传统和水利文化的完整性。

3. 提升风景资源价值。对于风景资源的类型和价值具有丰富、提升作用的景源,在本次规划中作为独立景点纳入风景区范围,如涪陵816地下核工程遗址、忠县石宝寨等。

4. 兼顾游览线路的完整:由于历史上陆路交通不畅,游客多从上游的重庆坐船顺流而下,或下游的湖北逆流而上,形成较为固定传统游览内容,如涪陵白鹤梁、丰都名山、忠县石宝寨、云阳张飞

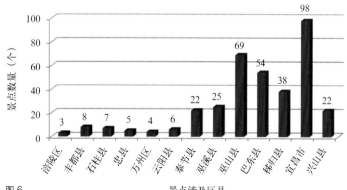

图6

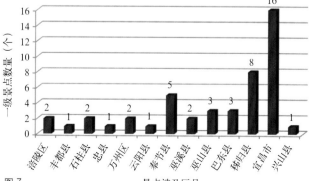

图7

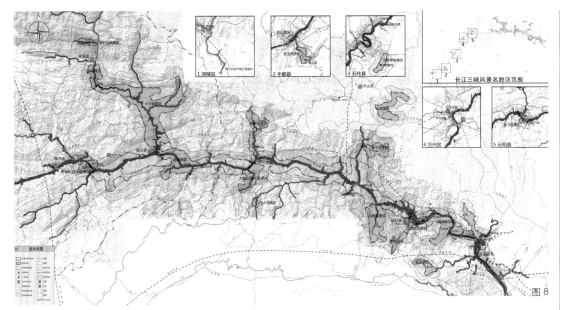

图 8

图 8　规划总图
图 9　"一江三峡，枝状延展，三区十核，星罗布点""中华龙脊"总体结构布局示意图

庙等。上述景源虽然不在地理概念上的"三峡峡段"中分布，但已经成为三峡游线中不可分割的一部分，因此划定为独立景区（点）。

5. 降低管理难度：由于上述几点的考虑，风景区沿长江干流长度从不足 200km 扩大到 500 多公里，虽然自然和人文资源体系更为完整，但也相应增加了管理难度。因此，规划采取了景区连续范围＋外围独立景区（点）相结合的划分方法，在沿线的 13 个市区县内因地制宜的"大聚合、小分散"，从而大大降低了协调难度。

最终，规划风景区范围西起重庆市涪陵区，东至湖北省宜昌市，涉及 13 个市区县。总面积 2013km²。风景资源分布涉及长江干流长度 525km，其中奉节县至宜昌市为风景区内的连续江段，长 195km。重庆奉节县以上的非连续江段沿岸，划定 4 处景区及若干独立景点。其中，核心景区范围 1247km²，占总面积的 62%。

六、布局结构与功能区划

（一）布局结构

规划风景区总体布局结构为："一江三峡，枝状延展，三区十核，星罗布点"，由此构成"中华龙脊结构"。

"一江三峡，枝状延展"即依托长江干流，通过南北延伸的支流航线和陆上交通廊道形成东西贯通、南北联系紧密的游览体系。

"三区"即以万州、奉（节）巫（山）、宜昌作为交通枢纽和旅游门户，形成 3 个风景游赏和旅游集中区域。"十核"即区内沿长江干流分布的十座

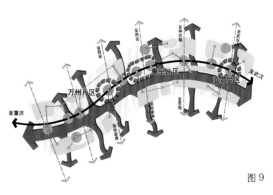

图 9

旅游城镇。"星罗布点"为 19 处景区和 300 余处景点，形成 3 大游览组织区域。

（二）功能区划

风景游览区：风景资源集中、景观价值高的区域，包括景区、独立景点、区内长江干流及主要支流江面。以开展风景游赏活动为主要功能，调控游人规模，合理组织游线，配置适量的游览服务设施，对居民活动进行分类限制。

旅游服务区：根据游览需求设置 14 处旅游服务基地，安排符合风景游览需要的服务设施，规定规模容量和建设内容，尽量依托现有村镇建设形成旅游服务区。

城乡协调区：重点加强城景协调，主要包括除旅游镇以外的其他村镇，涉及 30 个乡镇（街道办事处）。区内准许原有土地利用的方式与形态，严格保护基本农田，改善农业生产结构，改善农村基础设施条件，营造与自然环境相协调的田园景观。

自然培育区：主要包括未纳入风景游览区的风景林地及地质景观区域，以生态保护和景观培育功能为主，限制游人和居民活动，不得安排与生态保护和景观培育无关的项目与设施。

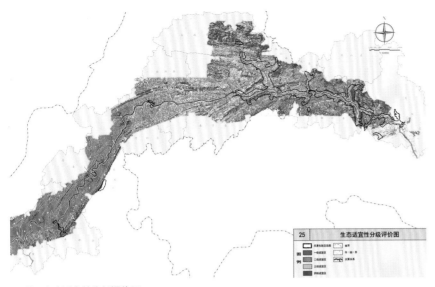

图10 生态适宜性分级评价图

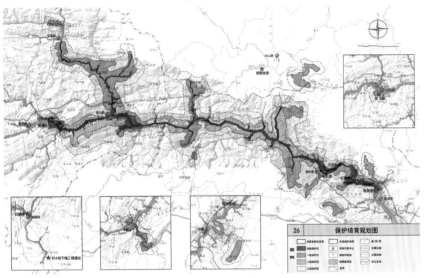

图11 保护培育规划图

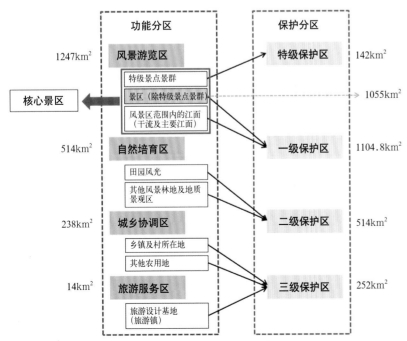

图12 功能分区、核心景区、保护内容与级别的对应关系示意图

七、保护培育规划

规划结合遥感影像数据及相关资料分析确定风景区内的适宜性等级，以此为依据进行分级保护规划。生态适宜性分为四个等级，其中，风景区内生态适宜性较好的区域占总面积的88%，表明区内生态环境水平整体较高。

（一）分级保护规划

规划在风景区内分为四个级别的保护区，并根据不同分区的生态敏感性程度和保护内容确定保护措施。其中，特级保护区主要包括风景区内的特级景点景群；一级保护区包括19处景区（除特级景群景点）及长江三峡风景区范围内的长江干流和主要支流江面区域（风景区核心景区主要涉及风景区的特级保护区和一级保护区）。二级保护区包括田园风光区域、林地、未纳入风景游览区的风景林地及地质景观区，等同于功能分区中的自然培育区；其余为旅游镇及居民点分布较多的三级保护区。

（二）分项保护规划

规划在分项保护中针对风景资源的不同类型提出重点保护与培育的要求，使保护规定更为明确和利于执行，主要分为长江干流水系保护、支流水系保护、古树名木保护、山峰崖壁保护、地质地貌保护5个方面。

八、专类保护规划

（一）文化景观资源保护规划

规划针对风景区的文化景观特征，确定了"整体保护、综合利用、科学管理，传承发展"的保护利用原则，对风景区的多元文化进行整体性保护。实施严格的管理制度、编制管理手册、加强科普教育；完善古遗址、遗迹和古建筑的维护修缮标准和实施规范；加强文化资源周边环境治理的标准管理；通过文化游览促进非物质文化资源的传承和发展，把文化内涵融入游赏活动，实现三峡文化的复兴。

（二）典型景观规划

规划典型景观包括江峡景观规划、山岳名峰景观规划、高峡平湖景观规划及特色植物景观规划四类。其中，将瞿塘峡、巫峡、西陵峡三个峡段景观列为大江峡景观；将重要支流水系江峡景观列为小江峡景观，分别对大、小两种尺度的江峡景观风貌提出景观规划措施。高峡平湖景观是三峡大坝兴建蓄水后最为壮丽的崭新景观之一，规划根据不同的水位高度提出景观规划原则，突出低水位滩涂岛屿、高水位浩瀚平湖的典型景观。区内植物景观丰富，部分已形成具有国际影响力的典型植物景观观赏季，如巫山红叶节、三峡橘海等，规划在整合提炼的基础上形成与之匹配的游览线路，并进一步提出丰富充实的游览活动策划。

九、风景游赏规划

（一）综合游赏布局

构建"干流观光、支流度假、城镇休闲"的游览组织体系。依托长江干流黄金水道开展以水上观光为主的游赏活动，使之成为连接沿线各景区、景点的水陆交通主轴。利用蓄水后水上通行能力提高的南北纵深支流开展风景游览活动。结合特色村镇开展滨水休闲、生态度假，以风景游览带动地方经济发展。根据沿线十座旅游城市的自然及文化资源，形成各具特色的城市功能组团，承接会展休闲、节庆盛事等活动，形成具有国际知名度的"三峡名城"体系。

（二）游览方式选择

游览方式以水上游览为主的，规划新增空中游览方式，从俯视的角度欣赏高峡平湖的壮丽景观，形成新的游览亮点和吸引点。结合道路交通规划新增自行车、皮划艇、徒步游览等不同方式的游览路线，进一步丰富游览体验。

（三）游览组织

主要分为综合游览和专项游览两个方面。综合游览规划包括干流观光游览、支流度假游览和滨江城镇休闲游览三类。干流观光即"水上观光，局部登陆"的组合游览方式，使游客在最短时间内观赏最具代表性的三大江峡景观、高峡平湖景观和具有世界遗产价值的人文景观。支流度假游即依托风景区内旅游村镇，开展滨江度假、水乡体验、消暑、疗养等丰富的游览活动，是未来发展的重点，通过丰富的游览内涵延长游客的停留时间，带动沿线村镇经济发展，实现"世界江峡休闲旅游胜地"的总体目标。滨江城镇休闲游览即依托风景区沿线的13处特色城市，结合城市基础设施及复合型功能，为长江三峡风景区提供休闲娱乐、文化宣传、会展

商洽、国际论坛等城市服务功能。通过旅游活动提升城市知名度、宣传地方特产，与风景区互利发展。

在综合游览的基础上规划线路灵活、游览内涵或目的性强的专项游览，以满足不同游客群体的游赏需求，主要包括：峡江文化与历史古迹探寻游，其中细分为夔文化游、盐文化游、巫文化游、神女

图 13　巫山大宁河
图 14　神农溪与九畹溪
图 15　大坝与西陵峡

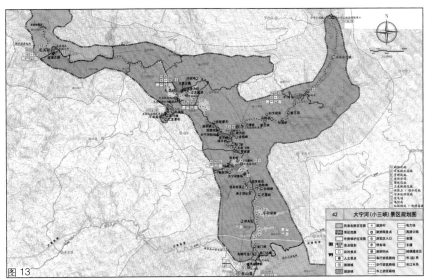

图 13

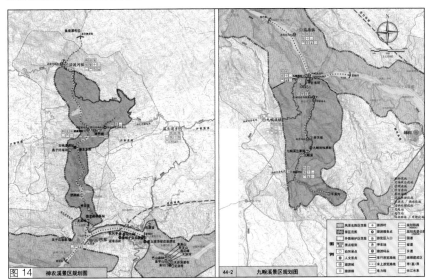

图 14

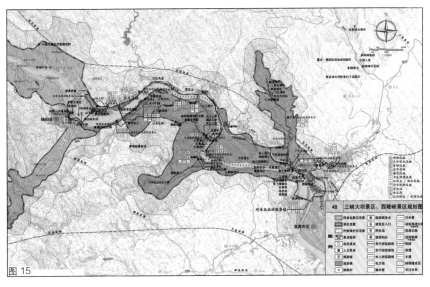

图 15

文化游、巴楚文化游、纤夫绞滩文化游、三国文化游、周易文化游、军寨文化游、名人寻访游、古镇文化游、民俗文化游、鬼神文化游等；长江三峡名峰览胜游；三峡诗词文化游；江峡森林探秘游；三峡水下观光游；石刻与寺庙宗祠游；水利工程观光游；移民精神游；红色革命胜迹游；珍稀生物观赏游；地质科考游；三峡史迹考古游等。

（四）景区规划

1. 景区划定

规划将风景资源集中、风景价值较高，景观与生态环境良好，具备游览条件的区域划分为景区，根据景源特色确定各景区的游览主题或内涵。规划景区共 19 处，面积共 1197km²。

2. 景区类型评价

根据各景区的风景资源特征，分为山岳型、峡谷型、岩洞型、史迹型、综合型五种景观类型，以此确定景区的游览特征和游览组织方式。

3. 景区游赏规划

规划对 19 处景区提出详细的游览组织策略和保护、建设内容，主要包括：

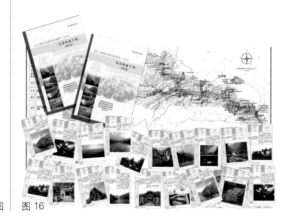

图 16　资源手册
图 17　"大三峡"区域旅游规划图　图 16

概况：包括规划面积、主要游览景点、主要景观特色。

规划要求：明确需要修缮、整治、拆除、新建、迁移的各类建筑、构筑物，提出具体的实施要求，包括应参照的法规、景观风格、应具备的功能，应主动规避的不良效应等。明确需要修复的自然环境，提出具体的生态抚育措施。

游赏规划：详细规划游赏内容，提出游览项目完善的具体措施，构建具体的游线，确定游览方式。

设施建设规划：包括游览设施和基础工程设施两部分。明确景区入口、各级旅游服务点、停车场、码头的具体建设、改造措施。明确各类基础工程的选址、规模等具体建设、改造措施。

居民发展引导：明确居住点的发展模式，提出具体的城景协调措施。

4. 独立景点游赏规划

除景区外，风景名胜区内还划定了 81 处独立景点。独立景点经建设整治、风景培育后，可视风景旅游发展需要适时扩大发展成为游览景区。

5. 景点规划

规划结合风景资源类型及各景区游赏特色，对风景区内规划的 361 处景点分别提出了资源保护、抚育，游览设施改造提升，后续发展指引等详细措施，指导景点的各方面建设及后续详细规划，并以此为基础编撰了囊括所有景点的湖北卷、重庆卷两部风景资源手册。

十、区域旅游协调发展规划

经过多年发展，风景区现已形成以三峡为中心的区域旅游发展格局，但协调性较差，屡屡出现不良竞争、相互制约的现象。规划从促进区域旅游协调发展出发，提出了区域旅游协调发展的三个层次，包括"大三峡旅游区"、"大三峡旅游核心区"和"长江三峡风景区"，并分层提出了区域旅游协调发展的规划要求。

（一）"大三峡旅游区"及其核心区旅游发展规划

大三峡旅游区即开展大三峡区域旅游空间组织的范围，是以长江三峡风景区为核心，由重庆市域及鄂西生态文化旅游圈共同组成的区域旅游范围，涉及重庆市所有 40 个区县、湖北省鄂西生态文化旅游圈的 8 个市州（区）。

规划打破长江三峡风景名胜区的单一线性游览模式，融入"大三峡"的区域旅游背景，凭借三峡

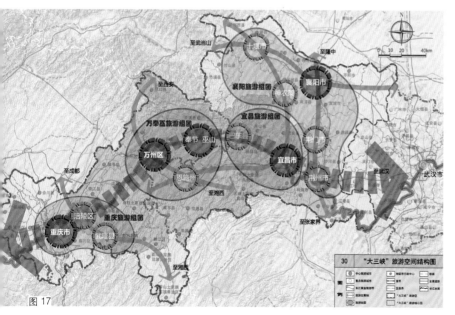

图 17

较高的旅游吸引力起到带动周边旅游发展、相互促进的作用，成为中西部地区最重要的旅游辐射核心，形成"一带五轴，五个中心，八个重点，四个组团"的"大三峡"旅游空间结构。形成沿长江旅游发展为主，深入三峡腹地，贯穿利川、恩施、神农架、武隆的旅游发展次轴。

（二）"长江三峡风景区"旅游发展规划

以"壮美三峡，中华之魂"为总体形象，建设以"世界江峡休闲旅游胜地"为目标的世界级风景游览目的地。规划的19处景区分为两类目标市场：第一类服务于"大三峡"区域游览范围和三峡干流游黄金水道游览线路，客源市场为世界及全国范围。第二类景区服务于周边省市和本市，主要承载休闲度假和短程游览活动，休闲度假功能广泛面向全国范围，短程游览主要依托所属城市开展城郊游览。

十一、旅游服务设施规划

（一）布局结构

规划形成"3心、6核、多点"的旅游服务设施布局形式。"3心"即万州区、奉巫（奉节县、巫山县）、宜昌市三片中心城区作为长江三峡风景名胜区的旅游服务中心，为风景名胜区提供旅游咨询、交通、食宿、娱乐、商业等服务功能和相应旅游服务设施。

"6核"即涪陵区、丰都县城、忠县县城、云阳县城、巴东县城、秭归县城作为长江三峡风景名胜区沿江分区段的旅游服务核心，为风景名胜区沿江不同区段提供旅游咨询、交通、食宿、娱乐、商业等服务功能和相应旅游服务设施。

"多点"即规划的其他旅游服务基地，为就近景区提供相关旅游服务，安排相应旅游服务设施。

（二）旅游服务基地系统

风景区内的旅游服务设施分为游览、餐饮、住宿、购物、卫生保健、文化娱乐、宣传咨询、旅游管理等八大类，由"旅游城—旅游镇—旅游村—旅游服务点—旅游服务站"组成旅游服务基地系统。

规划旅游城13处，结合风景区沿线市区县建设。规划旅游镇31处，其中新建旅游服务镇3处，其他结合现状城镇建设，其旅游服务设施同居民社会服务设施一并安排。规划服务于各景区的旅游村24处，景区入口及主要游线周边规划旅游服务点46处，按照每一游览片区设置至少一处的原则，为游客提供简便服务。

十二、综合交通系统规划

目前风景区在交通上存在较多问题，主要表现在区域交通设施建设滞后、各类交通缺乏衔接整合、区域旅游交通无法满足现状要求等。

（一）交通组织模式

"水陆铁空，立体交通"：构建公路、铁路、机场等多种方式有机结合的交通体系，解决交通换乘不畅、多种交通方式无法综合利用的现状问题。

"东西贯穿，南北互通"：打通东西向高速公路，沿江城市建设南北向跨江廊道，打通渝、鄂、陕、湘、黔的省域交通网络，连接神农架、武当山、武隆、张家界、凤凰、恩施等区域风景资源集中区域，构建"大三峡"交通体系。

"片区直达，三核带动"：规划在长江干流沿线建设万州、奉巫（奉节及巫山）、宜昌三大交通枢纽，形成三大旅游交通组织片区。三核可通过空港、高速公路实现直达，可自成系统，又可相互串联形成统一的游线。

"组织灵活，线路多样"：结合城镇设置综合旅游交通枢纽，实现不同旅游交通方式之间的便捷转换。改造省道、县乡道路，利用蓄水后长江支流航道通航能力大幅提高的有利条件，形成联系自身与周边地区主要城镇、景区、景点的水陆网络，提高交通网络密度。

图18　总体交通组织模式示意图
图19　风景区、景区、核心景区范围与居民点位置示意图

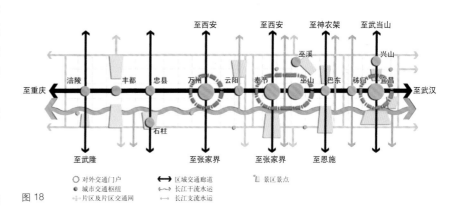

图18

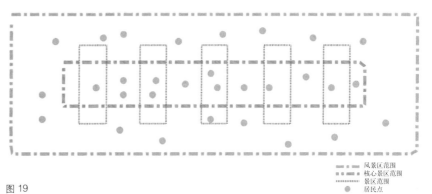

图19

（二）交通系统规划

规划将交通系统分为区域交通、风景区内部交通及景区内部交通三个层次，分层确定不同级别和辐射范围的交通系统网络，形成区域直达、组织灵活的游览交通系统。

区域交通系统规划依托高速公路、国道网络与长江航道，构筑"一横六纵"的区域交通网络，作为风景区联系成都、武汉、西安、湖南、贵州等周边地区以及神农架、张家界、凤凰等区外重要旅游目的地的通道。

规划风景区交通系统形成以长江航道与沿江公路为核心，南北两岸枝状延展的交通网络，梳理公路交通，确定旅游公路，形成直达各景区的公路路网。规划五个级别的交通航道，实行分级管制；进行游船规划，确定各航段水上游览级别和游览航线，根据航线和沿江城市的功能定位，规划四个级别的旅游码头；确定风景区两级交通枢纽，安排相应的旅游交通设施，承担不同方式交通转换与不同线路交通衔接的功能。

景区游览交通体系规划中重点对对外交通线路及现状道路的改造升级提出具体要求和措施；规划各景区出入口及停车场；规划对外集散码头、内部游览码头及内部游览航线。

十三、居民社会调控和经济发展引导规划

（一）居民社会调控

风景区涉及湖北省、重庆市十三（区）县的居民人口，共计84个乡镇（街道办事处），236个村，约46万居民。长江三峡风景区范围内涉及10个区县，31个乡镇（街道办事处），村庄97处，居民17万。共有13处景区内分布居民点，涉及居民人口约6万人，占居民总数的35%。

由于区内居民均经历多次移民（葛洲坝、三峡大坝移民、生态移民等），因此本次规划不对居民点提出移民搬迁要求，建设调控以以下四类为主：

1. 景区内部居民点数量少、人口规模小的居民点，对风景资源的保护和利用基本不产生负面影响的居民点，原则上以保留为主，人口规模适当控制，如承担旅游服务功能的村庄可适当进行聚居发展。

2. 景区内部居民点分布多、人口规模大、集聚程度高的居民点，进行重点调控，个别承担旅游

服务功能的村庄可适当聚居发展。

3. 景区内居民点分布分散、人口规模较小的居民点以保留为主。

4. 位于风景区范围内，但是不在景区范围中（不属于长江三峡风景区核心景区）的居民点，一般以沿江分布，以保持现状为主，如无地质灾害，基本不进行搬迁调控。

（二）产业发展方向与布局

优化产业结构，发展现代农业和生态环保工业，培育劳动密集型产业。大力发展以旅游、商贸流通为主的三产服务业，解决产业空虚、缓解就业压力。构建合理的产业空间布局，沿重要交通道路发展观光农业，将农业生产与观光旅游相结合，发挥农业与旅游业的关联集聚效益。

促进旅游业与其他产业的联动，发挥三峡旅游产业的关联效应，优化区域的产业结构，带动城乡剩余劳动力就业。

以旅游产业促进城镇发展，依托旅游村镇促进居民致富。

十四、管理体系建设引导

（一）现状管理机制机构情况

风景区于20世纪80年代成立了重庆段及湖北段管理局，分别颁布了管理条例，各项管理工作均由两省市分开进行，两省市内部又分市（区）县设立若干管理处（局），呈现分割自治的管理模式。

随着风景游览活动的发展，这种管理方式已经无法满足资源管理、保护和开发建设等各方面的需求。由于管理部门的独立性，各区县之间缺乏衔接、交流，造成游览活动重复、活动类型雷同等现象，进一步引发了区县甚至两省市之间针对"三峡品牌"的恶性竞争。

（二）管理体制建设措施

1. 建立两省（直辖市）协调、自上而下管理体制。

在两省市组建风景区管理委员会，对"大三峡"旅游区域的发展和风景区的重大决策进行参与和监督指导。分省（市）设立管理局，指导下级管理机构，全面负责规划、管理、资源保护、审批和监督，统一制定规章制度和政策。管理局具有执法权，成立相应的执法队伍。

分市（区）县设立管理分局，负责本行政管辖

范围内风景区的管理和保护工作,对辖区内景区景点建设及游览组织进行控制协调,对风景资源保护进行规划实施和保护监督。

分景区设立管理处,负责各景区的日常管理和保护。

2.制定两省市统一的《长江三峡风景区管理条例》。

明确由风景区管理委员会负责总体指导和监督管理工作,各基层管委会具体负责景区保护、利用和统一管理工作。明确长江三峡风景区项目特许经营管理办法,完善财务制度、分配机制、补偿机制和惩罚制度。建议设立长江三峡风景区保护基金。

3.明确政府、企业和居民三大利益主体的权、责、利。

地方政府应利用风景名胜资源发展旅游业,促进移民就业,带动当地经济发展。明确政府的保护职责,开展资源和生态环境保护、监督企业的经营、引导发展当地社区、追求风景区社会效益和生态效益(而非经济效益)的最大化。

明确企业的开发职责,在总体规划的指导下合理开发景区资源,鼓励当地社区居民参与景区经营开发建设,尽可能多地聘用当地社区居民。承担定期评估和不定期检查的义务,若破坏资源,应依法追究相关人士责任。

建设居民参与机制,引导、激励和提高参与的层次与水平,同时强调居民参与的法治化与程序化。

4.完善特许经营权制度,加强特许经营权管理,明确政府和企业在资源管理的权责范畴。

5.构建可行的基层管委会财务体制。

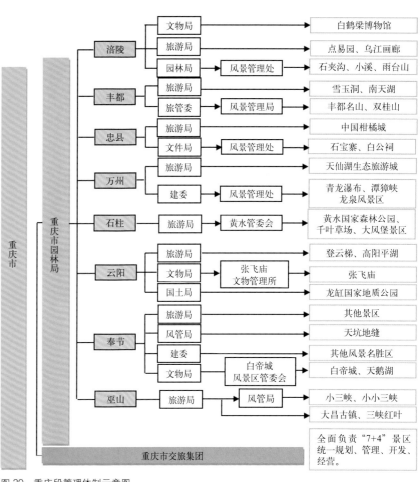

图20 重庆段管理体制示意图

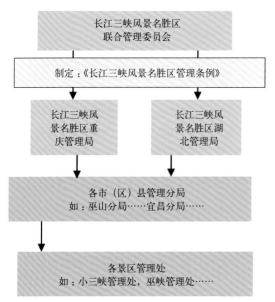

图21 长江三峡风景区管理机构设置框架

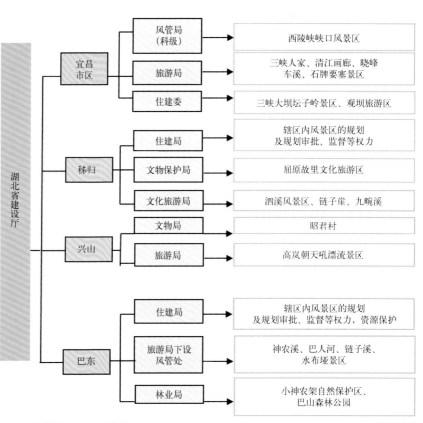

图22 湖北段风景区管理体制示意图

世界文化遗产地保护与传承

——以八达岭—十三陵风景名胜区（延庆部分）详细规划为例

中国·城市建设研究院／袁建奎　刘雪野

一、背景

八达岭—十三陵风景名胜区（以下简称"风景区"）在国内外久负盛名，区内有两处享誉世界的世界文化遗产——明十三陵（北京市昌平区），八达岭长城（北京市延庆县）。风景区总面积326.37km²，具有极高的文化与游览价值，为中国第一批国家重点风景名胜区，《八达岭—十三陵风景名胜区总体规划（修编）》于2013年11月通过国务院批复。

随着现阶段国内外旅游产业的蓬勃发展，游人量的激增以及我国城市化进程的加快，使世界文化遗产的保护、展示以及传承，风景区的管理、建设、风景区资源和文物的保护、利用都受到巨大的冲击和压力。迫切需要在详细规划中做好世界文化遗产地的保护与传承工作。现以八达岭—十三陵风景名胜区（延庆部分）详细规划为例，浅谈风景区详细规划中对于世界文化遗产的保护与传承。

二、规划区概况

八达岭—十三陵风景名胜区延庆部分（以下简称"规划区"）位于北京西北60km延庆县境内，总面积70.1km²，沿京藏高速可直达，是风景名胜区重要组成部分。规划区内的八达岭段长城作为中国万里长城的杰出代表，更是中华民族留给全人类的历史瑰宝。自1952年向游人开放以来，八达岭长城迄今已经成功接待了1.3亿中外游人，170多个国家的元首和政府首脑。是世界文化遗产、国家重点文物保护单位、国家重点风景名胜区、全国文明旅游风景示范区。规划区汇聚了大自然赋予的宝贵资源与千年的历史文化资源，长城是规划区之"魂"，而独特的山形地势、自然风光则是灵魂生长的基底。

三、存在问题

规划区存在的问题大致有两方面原因：

第一，独特的山形、地势。规划区所处太行山、燕山山脉交汇区，进出京畿只有关沟一条通道，周边则尽为群山，错综复杂的地形地貌对规划布局、平面构成、空间布置、道路走向、工程设施以及建筑的组合布置有显著的影响。

第二，人为因素对景区建设、管理的影响。包括了历史遗留问题、规划滞后、管理欠缺、前瞻性不强等一系列问题。

1. 大榛峪
2. 铁矿峪
3. 撞道口
4. 二道关
5. 西水峪

图1

图 1 区位图
图 2 总布局图

（一）管理问题

规划区内的管理实际上由三个部分组成："八达岭特区办事处"是规划区管理的主体，但是其管理的范围基本上集中在长城及长城两侧地区，以文物保护为核心；"八达岭林场（森林公园）"则管理了除去长城以外的大部分区域，是规划区内大面积土地的所有者；除文物、林场以外的剩余区域则归属"八达岭镇"管理，主要集中在村庄区域。三个层次、三个领域的交错管理、部门协调，势必严重影响到景区统一管理、统筹发展；远期实现规划区内的统一管理势在必行。

（二）"灯下黑"现象明显

规划区内人文景观与自然景观数量、类型众多，景观资源品质绝佳，但景区、景点发展极端失衡。规划区 90% 以上的游人集中在八达岭长城段，而 90% 的规划区处于游赏空白区域，造成八达岭长城段游人容量趋近饱和，世界文化遗产的保护产生巨大压力。规划区大量优质的、相关的旅游资源没有联动发展。2002 ～ 2010 年期间八达岭游人总计达到 4654.7 万人次，2002 ～ 2010 年水关长城的游人量总计为 862 万人次，2000 ～ 2010 年残长城的游人量总计 14 万人次，十年时间八达岭长城的游人量是水关长城的 5 倍多，是残长城的 332 倍。

（三）高质低用，游赏模式单一

"看完就走"的观光游模式是规划区游赏方式的主导，一方面大大降低了世界级的文化遗产的品质，八达岭长城沦落为简单的照片背景；另一方面，其他高品质的自然、人文景观资源难以统筹利用。不能深入地游赏、体验就不能深入地领悟、探寻世界级历史文化遗产内涵，更谈不上对世界文化遗产的保护和传承。游赏模式的单一致使"门票经济"成为主导，旅游收入同时受到限制，规划区无力进一步加强对遗产的保护，也无力发掘规划区内其他优质景观资源并联动式发展，难以永续利用。

（四）空间局促，限制因素过多

规划区空间局促，布局交叉，功能紊乱，"一道城墙、一条路"成为人们对规划区印象的最真实写照。"一道城墙"就是举世瞩目的八达岭长城；一条路为关沟古道，两侧均为高耸山体，空间局促。景点、基础设施、服务设施、交通通道等全部集中在这一条山沟之内，承担了重要的交通、服务、游赏等多重功能。

（五）交通问题成为严重制约

规划区内过境交通与游赏交通严重重合。京藏高速（原八达岭高速）和八达岭路（S216）是通往规划区的重要旅游通道，每年迎送数以千万计的中外宾客；但该道路也是北京通往延庆县的主要交通干道。交通拥堵、旅游交通和过境交通混杂、人车混行、游线混乱对游览环境和游览安全等负面问题严重困扰着规划区的发展。

外部车辆进入规划区直接到达景点，游客只体会"旅"，无法体会"游"。游长城，游客直接到达登城口登城，没有过渡与缓冲，没有感情的酝酿，游客不能完全体会到长城的历史。

现状大量的社会停车场分散凌乱，大部分位于核心景区之内、分布于各景点周边，缺乏有效组织，使规划区风貌、管理产生一系列问题。

四、思路探讨

对于规划区风景资源的发掘与提升，世界文化遗产的传承与利用，并不能一蹴而就，只有将复杂多变、相互交错的问题逐层剥离，分析其产生、发展的根源，并针对性、系统性、前瞻性地提出与实际情况相匹配的解决方案，才能推动风景资源的永续利用，世界文化遗产的切实传承。

针对现阶段所存在的一系列现实问题，应该重点解决以下几方面问题：

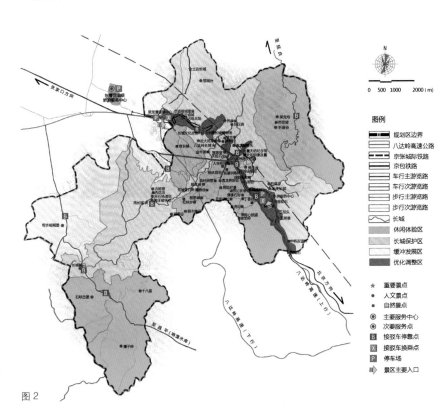

图 2

1. 规划区发展目标和主题形象重新定位。

2. 八达岭长城防御体系的切实保护与系统、科学的展示。

3. 提纯规划区性质，剥离各区块功能，规划区封闭式管理，并合理组织交通、科学布局基础设施、整合旅游服务设施。

4. 把集中在八达岭长城一条"线"的游赏，发展成为整个一个"面"的游览，有效分流游人，使游人多角度、多途径地游览长城。

5. 景区环境的综合整治，树立与世界文化遗产相匹配的形象。

6. 土地协调利用与建设强度的控制，真正做到规划区可持续发展。

五、主要策略

（一）规划区发展定位及形象问题——"八达岭·长城国际博览区"的提出

在切实保护长城本体和规划区整体生态景观环境的基础上，整合景观资源、控制建设强度、引导景观风貌、完善基础及服务设施、合理化交通和游览体系、均衡规划发展；重塑世界级文化遗产的形象和品牌；打造"博览区式"的世界文化遗产保护地、文化游览胜地、科普体验基地；真正做到规划区的可持续性发展。

"八达岭·长城国际博览区"概念的引入，可以真正做到：

——引入博物馆理念，但在此基础上加以延伸和升华，扩大到整个规划区域；

——真正浓缩"长城"的精华于八达岭长城；

——使八达岭长城成为民族精神象征的重要展示窗口，国际交流的重要媒介；

——"八达岭长城"是规划区重要的组成部分，是核心，但不是唯一资源；

——以"长城"和"博览"作为特色，既包含长城体系以及文化的展示，同时又包含了其他现有景观资源的综合利用；

——功能上更加丰富和完备。

（二）规划区封闭式管理、交通问题的逐步改善

第一，规划区封闭式管理，环保观光车环线接驳。建立封闭完善的风景名胜区内部交通，隔离风景名胜区外部过境交通，减轻乃至消除过境交通对规划区的负面影响，利用核心景区外围建立的新交通通道，引导过境交通避开核心景区。

第二，拆除核心区域全部停车场，改建为文化广场，兼顾高峰日停车。调整风景名胜区内社会道路功能，建立相对独立的规划区内部环保游览交通系统，净化规划区内交通；实现规划区综合服务枢纽一体化运行，合理调配规划区停车场的使用；逐步实现各种社会车辆不进入核心景区的要求。停车场改建为文化广场，一方面进行登城前的情感酝酿、世界文化遗产的科普展示，另一方面进行游人的集散疏导，并兼顾高峰日停车；此外，对于规划区整

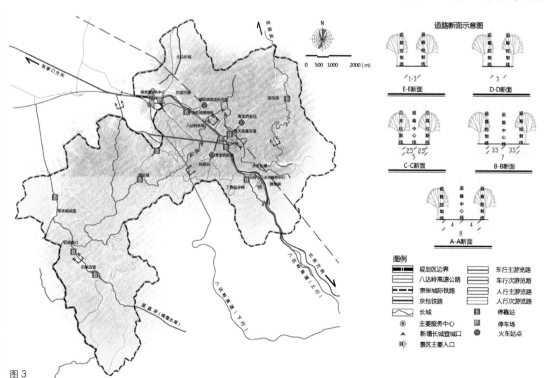

图3

图3　道路规划图
图4　主题分布图

体的环境景观,规划区形象塑造具有重大推动作用。

第三,轨道交通重新整合,大力发展公共轨道交通,提供游人多种游赏路线和途径。其内容包括京张城际铁路在滚天沟设地下站、人字形铁路及青龙桥老站的重新开发利用。

第四,完善步行系统,在文物保护允许的情况下,新开辟登城游线,小范围内形成步行系统换线,一方面解决满足游人的快速疏散,另一方面扩大游赏区域,增大游人容量。此外,由土边长城至水关长城逐步恢复关沟古道风貌,远期与居庸关长城相对接,重现"秦前车道、汉朝商道、隋唐驿道、元朝喉道、明朝命脉、清朝御道"的风采,并成为京畿长城防御体系的展示走廊以及地域文化的展示通道。

(三)封闭式管理模式下的服务设施配置

围绕规划区封闭管理的思路,除了在交通规划中逐步落实区域的封闭与疏导,在旅游服务设施的布局以及游线的组织上形成"五级服务体系",完善规划区封闭式管理。

规划在京藏高速八达岭出口和水关出口分设黑龙潭和水关综合服务中心,统领全区的换乘、咨询、购票等功能;在滚天沟和原林场场部停车场规划建设山后——滚天沟服务次中心和山前——林场场部服务次中心,作为登城前的最后服务组团;依托现有村庄,搬迁村民,转换村庄功能,形成岔道古城(历史文化街区)、石佛寺村和石峡村三处特色旅游服务村,均衡规划区发展;服务点、服务部则根据景点布局、游线组织进行设置。

此外,针对延庆县至今仍没有区县一级的旅游综合服务枢纽,在北京旅游井喷式发展的情况下,严重制约延庆乃至于北京北部旅游快速发展。延庆县同时面临着2014年第十一届世界葡萄大会、2019年世界园艺博览会等国际盛会的挑战,其区县级旅游综合服务枢纽的建设迫在眉睫。建议依托八达岭地区旅游的首位度、优越的地理位置以及远期以京张城际铁路为龙头形成的便捷的公共交通,在规划区外东曹营建设延庆县级综合服务中心,统筹北京北部旅游服务功能,并可以在八达岭地区游人高峰时段,作为黑龙潭综合服务枢纽的补充。

(四)重塑游赏模式,真正传承与展示世界文化遗产

以"八达岭·长城国际博览区"建设为核心目标,在重新整合风景资源的基础上,依据规划区空间结构、功能布局、发展极轴、交通组织等统筹规划,规划区建设发展可归纳为"一核、二区、三极、四片、十八园"的模式进行。

"一核"——指黑龙潭综合服务枢纽。其是规划区集中停车、换乘、咨询、服务、管理等多功能的集聚枢纽,包括社会停车场、综合服务楼、环保观光车停车场、环保观光车维修站、集散广场、入口形象大门等设施和构筑物,统筹整个规划区旅游服务功能,是提纯规划区游赏功能、封闭式管理的重要支撑。

"二区"——指规划区游赏的两大特色主题模式。立足"八达岭·长城国际博览区"这一核心发展目标,根据规划区内资源的分布特点并加以重新整合,规划区内游赏及展示主题分成"长城博览区"和"森林博览区"两大主题区块。其主要目的在于使"长城资源"与"非长城资源"的联动式发展,引导游人多角度、多途径、多时空地欣赏长城、感悟长城。

"三极"——指游赏空间发展格局。在坚定各区域特色、强化长城主题的基础上,进一步整合资源,发挥各区域联动机制,以长城为联系纽带,力求打造特色突出、互为联动、结构互补、均衡发展的游赏构想及发展极轴。规划区域可分为以下三个发展极轴——"观光体验极"、"音乐休闲极"、"民俗旅游极"。

"四片"——指规划区功能分区,是游赏活动开展的重要限定条件。分为"长城保护区"、"休闲体验区"、"优化调整区"、"缓冲发展区"四大功能

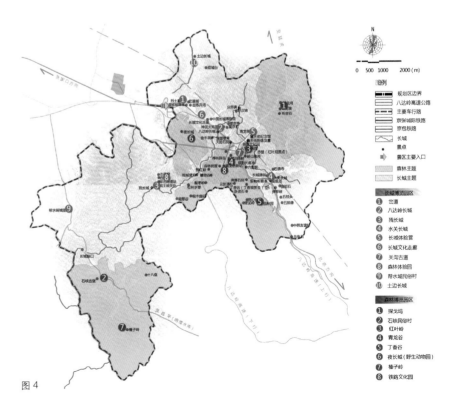

图4

专题游赏项目表

序号	类别	景园名称	位置	备注
1	长城游赏观光类	八达岭长城	八达岭长城以及周边区域	新辟登城入口，并扩大游览区域；定期开展国际文化交流活动
2		关沟古道	由林场场部至水关长城区域	恢复历史上"关沟古道"风情，形成完善步行系统并探讨水系的恢复，重塑世界文化遗产形象
3		长城文化走廊	由黑龙潭至滚天沟	形成登城前文化的重要展示、感情的酝酿区；并重塑世界文化遗产形象
4		水关长城	水关长城及周边区域	包括石佛寺村、石佛寺等一体化考虑；新辟登城入口，扩大游览区域；同八达岭长城区段在游赏线路上有机连接
5		土边长城	土边长城及周边区域	从新的角度完善长城展示系统
6		残长城	残长城及周边区域	探讨同八达岭长城区段在游赏线路上有机连接
7		长城体验营	长城古砖窑附近	以长城观赏、研究、建造体验等为核心的集中式观光体验区域
8	森林体验类	青龙谷（探索谷）	青龙谷	以森林体验为核心内容，兼顾部分旅游服务功能；开辟登城入口，有效分流游人，并科学引导多种途径的长城游赏
9		红叶岭	红叶岭及周边区域	开辟登城入口，有效分流游人，并科学引导多种途径的长城游赏；扩大色叶植物种植面积，突出长城秋季景观
10		丁香岭	丁香岭	科学引导多种途径的长城游赏；扩大丁香种植范围，并衍生相关游赏项目
11		夜长城	现八达岭野生动物园区域	白天可开展森林体验类活动，晚间形成岔道、夜长城、残长城、八达岭长城一线的晚间长城游赏线路
12		榛子岭	榛子岭	以探秘、远足、健身类森林活动为主，同民俗参与有机结合
13		森林体验园	青龙谷内	集中式森林体验、科普、观察、研究的区域
14	民俗展示参与类	岔道	岔西、岔道、岔东	有机整合岔道周边区域，形成特色民俗精品历史文化街区
15		黄土梁音乐谷	黄土梁	以音乐展示为主题
16		铁路文化园	青龙桥老站	整合青龙桥老站、詹天佑墓、詹天佑铜像、人字形铁路，并搬迁詹天佑博物馆至此，形成铁路文化园、爱国主义教育基地
17		帮水峪民俗村	帮水峪村	果品种植、民俗展示为主
18		石峡民俗村	石峡村	以石锅宴、民俗驿站、果品种植等为特色

区块，主要为详细规划指标的制定提供依据。

"十八园"——在通过风景资源的深入挖掘、重新整合以及游赏项目的重新规划，在"八达岭·长城国际博览区"这一核心主题下，游赏子系统又可分为18个游赏专题景园。各景点成为主题园的有机组成，深入贯彻"联动——一体化发展"的思想。游赏项目可以归纳为长城游赏观光类、森林休闲体验类以及民俗展示参与类三大游赏类别。

项目组成员名单
项目负责人：袁建奎
项目参加人：李晓肃 刘雪野 刘 畅 赵 珍
            周 雯 林 鹰 李铁军 武 鑫
项目演讲人：袁建奎

六、结语

长城是艺术非凡的文物古迹，也是世界文化遗产，更是中华民族的象征，其保护和传承的关键点就是如何从这"一道城"的限定中走出来，除了长城本体外，更应深挖长城文化、历史以及精神的内涵。从一个点、一条线发散到一个区域的保护与传承，引导人们多角度、多途径、多时空地感悟长城才是对长城的真正保护和传承。

"龙门石窟世界文化遗产园区"发展战略规划与南部湿地公园设计

上海同济城市规划设计研究院·刘滨谊景观规划设计团队

一、项目概况

龙门石窟位于河南省洛阳市城南 12km。1961年国务院公布龙门石窟为全国第一批重点文物保护单位。1982 年龙门风景名胜区被公布为全国第一批国家级风景名胜区。2000 年 11 月，联合国教科文组织将龙门石窟列入《世界遗产名录》。2006 年1 月被中央文明办、建设部、国家旅游局联合授予全国文明风景旅游区。2007 年 5 月被国家旅游局评定为全国首批 5A 级景区。

"龙门石窟世界文化遗产园区"于2010年成立，总面积 3170hm^2，由"龙门石窟"及其周边 8 个乡村聚落、2个农村社区共同组成。2011年7月，"龙门石窟世界文化遗产园区管理委员会"委托同济大学刘滨谊教授团队编制《龙门石窟世界文化遗产园区发展战略规划》，2011 年 11月委托该团队进行《龙门南部湿地公园详细规划设计》(306.9hm^2)和一期 140hm^2 的施工图设计。2012 年 8 月，湿地公园一期东部（45hm^2）开始施工建设，目前已初具效果。

二、总体构思

如何保护好、传承好、利用好龙门石窟这一宝贵的世界文化遗产，如何解决遗产地保护与发展中存在的矛盾是本规划的工作重点。

规划围绕遗产保护与发展的核心，从遗产、风景、旅游和社会发展的四个方面展开，总目标是在21 世纪为全中国和世界人民"再现一座具有大唐风格的自然山水园林"。构思要点如下：

1. 整体考虑"龙门世界文化遗产园区"(3170hm^2)的保护、使用及其对周边地区发展的带动作用。

2. 从遗产资源保护与提升的角度，对联合国认定的遗产保护区范围内（331hm^2）的世界文化遗产予以严格保护，对园区其他区域的历史遗存予以发掘、保护或再现，达到景区由石窟"景点"向石窟"景面"的改变和园区遗产的"本体"提升。

3. 从风景资源保护与发展的角度，对园区予以风景保护、景观整治、环境生态修复，重建龙门山水生境，恢复历史上地域生物多样性，提升风景资源品质，重现龙门山水胜景。

4. 从旅游和产业发展的角度，扣除遗产保护区范围（含石窟本体范围）和风景名胜核心保护区（436hm^2），在其余范围内（2734hm^2，其中包含建控地带 1220hm^2）适当增加旅游活动项目与配套旅游服务设施。

5. 从社会和谐发展的角度，将园区作为一种新型的世界文化遗产旅游人居园区予以规划，综合解决当地居民生存与遗产地、风景区保护之间的矛盾，力求将 2734hm^2 的规划发展对龙门世界文化遗产地和龙门石窟国家重点风景名胜区的保护发展发挥正面积极的作用。

6. 综合上述四方面规划，遗产、风景、旅游、社会四位一体，营造理想的中国山水园林人居环境，使之可以观赏、可以游览、可以生产、可以生活。

规划创新主要有三点：

1. 通过扩大保护性空间的范围，更为有效地保护遗产、保护文物、保护风景名胜区。

2. 以中国风景园林哲学思想为主线，将唐代历史上山水诗词、山水绘画与龙门山水园林三者有机结合，提出了"诗—画—风景园林空间"三位一体的风景园林感受时空转换的规划设计理论与方法，以龙门石窟和唐代山水诗、画及其自然山水园林为资源和蓝本，使龙门世界文化遗产地的历史文化得以深入展现。

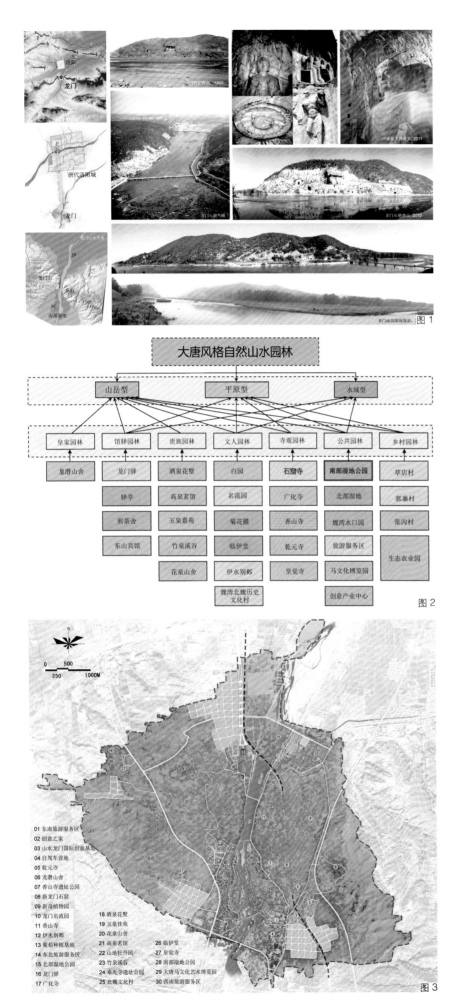

图1

图2

大唐风格自然山水园林

山岳型　平原型　水域型

皇家园林　馆驿园林　贵族园林　文人园林　寺观园林　公共园林　乡村园林

龙潜山舍　龙门驿　酒泉花墅　白园　石窟寺　南部湿地公园　草店村

驿亭　高泉茗馆　名流园　广化寺　北部湿地　郭寨村

煎茶舍　玉泉嘉苑　菊花圃　香山寺　魏湾水口园　张沟村

东山宾馆　竹泉溪谷　临伊堂　乾元寺　旅游服务区　生态农业园

花泉山舍　伊水别邨　皇觉寺　马文化博览园

魏湾北魏历史文化村　创意产业中心

01 东南旅游服务区
02 创意之家
03 山水龙门国际创意基地
04 自驾车营地
05 乾元寺
06 龙潜山舍
07 香山寺遗址公园
08 新龙门石窟
09 新奇植物园
10 龙门名流园
11 香山寺
12 伊水别邨
13 葡萄种植基地
14 东北旅游服务区
15 北部湿地公园
16 龙门驿
17 广化寺
18 酒泉花墅
19 玉泉佳苑
20 花泉山舍
21 山地牡丹园
22 高泉茗馆
23 竹泉溪谷
24 秦先马文化遗址公园
25 北魏文化村
26 临伊堂
27 皇觉寺
28 南部湿地公园
29 大唐马文化艺术博览园
30 西南旅游服务区

图3

3.规划近远期相结合，注重落地实效，注重运用现代生态修复等现代技术手段。战略划审批通过3个月后，紧邻龙门石窟的3km²的"龙门南部湿地公园"开始动工建设，一期东部工程已近完成。

三、规划概述

"历史留给我们什么？我们留给未来什么呢？"这一思索一直贯穿于本项目规划的始终。历时留给我们的是文化传承的艺术瑰宝、自然天成的山水格局。我们留给未来应是物质和非物质文化遗产的保护与传承，大唐自然山水园林与人文环境的修复与再现，现代旅游人居园区的发展与建设。

以龙门石窟世界文化遗产保护为前提，以风景旅游产业为导向，对区域进行文物资源保护、风景资源保护、旅游资源开发与社会发展的战略性规划；提出"龙门石窟"的定性定位与总体发展理念，从遗产的分类分级保护与提升、景区质量提升与空间扩展、洛阳旅游目的地龙头的打造、园区与周边城乡共生发展四大方面推进，制定整体的遗产·风景·旅游·城乡发展近远期规划。

依据国家政策背景、区域风水格局、资源特色条件，差异化发展原则，规划提出打造全方位再现大唐风格的自然山水与人文环境的世界文化遗产园区。

四、规划内容

规划从遗产、风景、旅游、社会发展四个方面进行阐述，通过龙门石窟遗产和山水风景的保护与提升，依托世界文化遗产、自然山水环境、深厚佛学文化、特色温泉资源、乡村田园风貌五位一体的特色资源条件，构建具有大唐风格的风景园林体系，发展龙门旅游，建设龙门可持续发展的新型旅游人居环。

（一）遗产资源保护与提升规划

规划在遗产资源分类的基础上，对其进行分级保护，并提出"打造龙门特色的世间遗产"概念，将单纯的遗产本体保护，发展为动态的整体保护，通过"一个核心"（即石窟遗产保护与提升），"五大特色"（即浑然天成的山水格局、盛极一时的大唐寺院、真实再现的大唐乡里、传承千年的世间遗产、名扬四海的文化名人），建立后世遗产的雏形和地方特色。

规划提出不同遗产类型的提升模式，其中，乾元寺、皇觉寺进行复建，广化寺适度改建，唐奉先寺和香山古寺作为遗址公园，其他遗址则原址标记。

（二）风景资源保护与提升规划

规划重点：（1）水系，保护伊河水系和自然泉系，严格控制地下水资源的开发。对伊阙南北水系进行梳理，营造生态湿地，丰富生物多样性，打造鸟类栖息天堂。（2）植被，在保留现有山地植被的基础上，结合经济林、风景林建设，增加林地面积，丰富植被景观。

根据历史文献和唐代诗文关于龙门景致的描述，恢复"龙门山色"、"伊沼荷香"、"魏湾水口园"等历史景观风貌，再现唐·白居易"洛都四郊，山水之胜，龙门首焉"的胜景，规划还对园区内及周边不良景观提出具体改造与提升措施。

（三）旅游资源利用与发展规划

规划以大唐山水环境为基底，以大唐乡里文化为依托，以大唐艺术文化为线索，将园区建设成为洛阳国际旅游文化名城的地标、洛阳国际旅游目的地的龙头。

规划提出"神往龙门石窟，纵情大唐山水"的主题形象定位。按照"一核、一带、五区"进行旅游主题分区。在旅游资源评价的基础上，结合大唐文化进行旅游项目策划，打破原有园区石窟游览一元结构的困境。其中，龙门石窟、伊阙南北湿地为核心保护项目；西北主入口旅游服务区、龙门驿、大唐马文化艺术博览园、魏湾文化艺术村、山水龙门国际创意基地、高泉茗馆为核心引擎项目；酒泉花墅、龙潜山舍、唐奉先寺遗址公园、香山古寺遗址公园、乾元寺、皇觉寺、龙门名流园、伊水别邨、新龙门石窟为重点开发项目；东北—东南—西南旅游服务区、自驾车营地、竹泉溪谷、玉泉嘉树、花泉山舍、临伊堂、创意之家、生态农业类等为一般开发项目。

项目策划考虑不同的年龄结构和消费群体，同时结合河洛文化论坛、国际创意文化发展论坛、国际马术邀请赛、诗书画印艺术节、国际冬令温泉养生节等节庆活动，满足不同时段和不同层次游人的需求和参与性。预计到2030年，游客总量将达835.0万人次。

整个园区设置四个旅游服务区，合理组织石窟游览线路和其他专项游览线路。根据项目布局，设置住宿、餐饮、娱乐、购物、游客中心、医疗、停车场、公厕等游憩服务设施。

规划利用对外交通加强园区与汉魏故城、隋唐

保护等级	资源点名称
一级	1.西山石窟 2.东山石窟 3.擂鼓台 4.香山寺 5.白园
二级	6.广化寺 7.唐香山寺 8.唐奉先寺 9.乾元寺 10.皇觉寺
三级	11.斗母庙 12.玉皇庙 13.三皇庙 14.龙门桥 15.漫水桥 16.伊东渠
四级	17.安阳宫 18.天竺寺 19.宝应寺 20.敬善寺 21.胜善寺 22.火神庙

图例
一级 ●
二级 ●
三级 ◆
四级
---- 园区行政界线
---- 风景名胜区界线
---- 核心保护区界线
—·—· 建设控制地带界线
---- 重点保护区界线

图4

图5

城遗址、白马寺、关林等周边景区景点的联系。

（四）社会综合发展与协调规划

规划对现有建设用地进行调整，合理确定园区建设用地规模、人口规模以及交通组织，促进园区产业结构转型，建设新型旅游人居园区。

整个园区分为石窟游赏区、湿地游览区、温泉养生区、文化创意区、生态文化区、旅游服务区、村镇居住区、特殊用地区八大功能区。

图1　龙门石窟与山水格局
图2　龙门园区风景园林体系构架
图3　园区总平面图
图4　遗产分级保护图
图5　伊沼荷香复原图

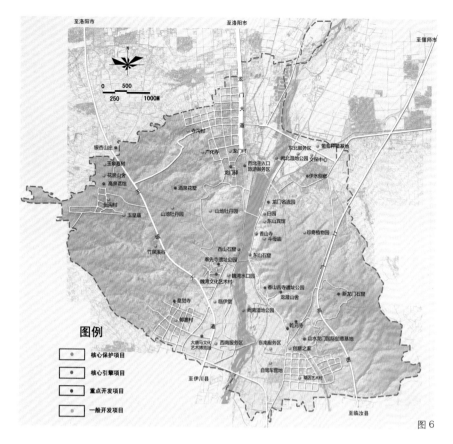

图例

- 核心保护项目
- 核心引擎项目
- 重点开发项目
- 一般开发项目

图6

图例

- 石窟游览区
- 湿地游览区
- 旅游服务区
- 温泉养生区
- 文化创意区
- 生态文化区
- 村镇居住区
- 特殊用地区
- 园区范围线
- 水域

图7

为保证园区的可持续发展,处理好遗产保护与园区发展、环境保护与开发建设的关系,对园区进行了空间管制区规划,将园区规划范围内的用地划分为禁止建设区、限制建设区、适宜建设区和特殊建设区。其中:(1)禁止建设区7.61km²,其中水域2.36km²;包括需要保护而不适宜任何开发建设的文化、艺术、生态敏感区,主要含伊河水域(阙南湿地和阙北湿地)、西山森林公园、香山主要山体等区域。(2)限制建设区16.58km²:规划将丘陵、林地、视觉景观廊道、生物廊道、一般农田用地、风景名胜区的非核心、文物古迹及其他景观建设区、山林绿化区等划入限制建设区。(3)适合建设区7.51km²:规划将地势平坦,适合建设的龙门村、郭寨村、草店村、邸庄村等划入适合建设区。同时,规划对各空间管制区提出具体的管制要求和措施,利于规划的具体实施。

整个园区设置环形车行主路、车行次路,环通电瓶车道,结合旅游服务区设置四个集中停车场,服务区之间采用电瓶车联系,严禁机动车通行。

对于村镇建设用地和人口规模调控,规划采取:(1)降低目前较大的人均建设用地面积;(2)部分迁出;(3)部分村镇用地置换;(4)部分村镇整合;(5)各村民子女结婚需迁出园区转为居民,各村不再新增宅基地等措施,有效控制园区内村镇建设用地的扩张。对于城市建设用地总量控制,规划采取:(1)迁出园区所有的工业项目,将部分工业用地转为城市建设用地;(2)部分迁出、置换的村镇建设用地转为城市建设用地等措施,有效控制园区内的开发建设。

规划预计到2030年,城市建设用地679.6hm²,占园区总用地21.4%;园区人口为37423人,村镇建设用地193.58 hm²(规划前为345.48hm²),占园区总用地6.1%。规划后的城市建设用地和村镇建设用地总面积为873.18 hm²,而规划前的城市建设用地、村镇建设用地和工业用地总面积为983.31hm²,不仅满足了旅游开发新增的建设用地,而且降低了园区总体建设用地规模。植被覆盖率由规划前的56.7%提升到规划后的71.6%,有效地保护与提升了园区的山水格局与人文环境。

五、规划实施

规划提出龙门发展建设模式,以山水风景园林体系为构架,将园区建设成21世纪具有大唐风格的自然山水园林。规划通过发展具有浓郁大唐神韵

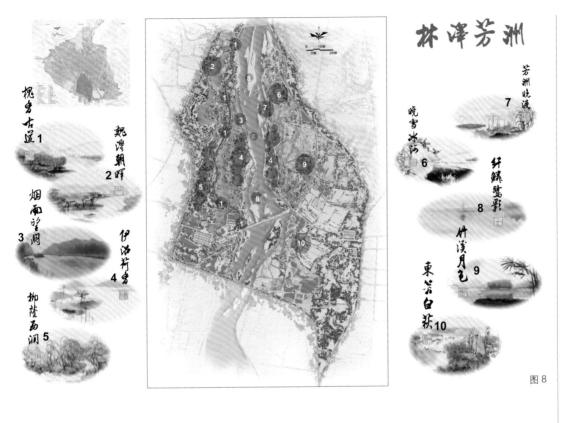

图6 项目策划图
图7 功能分区图
图8 湿地公园总平面及十景图
图9 空间管制规划图

林津芳洲

图8

至洛阳市　至洛阳市　至偃师

图例
- 禁止建设区
- 限制建设区
- 适宜建设区
- 水域
- 铁路
- 公路
- 道路
- 园区范围线

至伊川县

至临汝县

图9

图 10　土地利用规划图

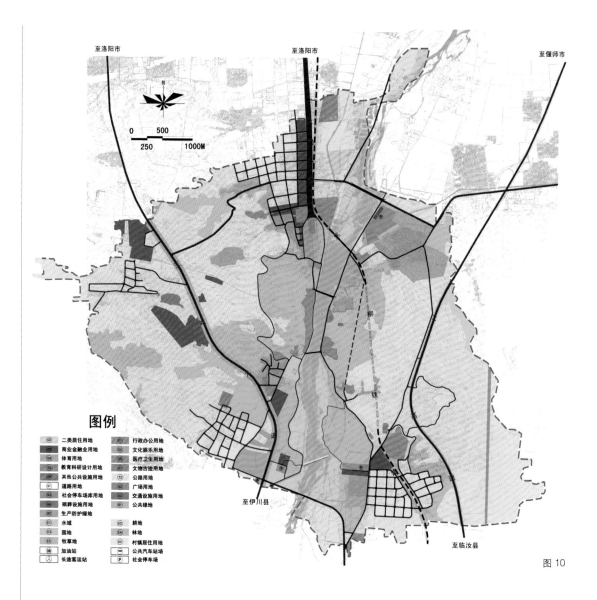

图 10

图例

- ⊡ 二类居住用地
- ⊡ 商业金融业用地
- ⊡ 体育用地
- ⊡ 教育科研设计用地
- ⊡ 其他公共设施用地
- ⊡ 道路用地
- ⊡ 社会停车库用地
- ⊡ 殡葬设施用地
- ⊡ 生产防护绿地
- ⊡ 水域
- ⊡ 园地
- ⊡ 牧草地
- ⊡ 加油站
- ⊡ 长途客运站

- ⊡ 行政办公用地
- ⊡ 文化娱乐用地
- ⊡ 医疗卫生用地
- ⊡ 文物古迹用地
- ⊡ 公路用地
- ⊡ 广场用地
- ⊡ 交通设施用地
- ⊡ 公共绿地
- ⊡ 耕地
- ⊡ 林地
- ⊡ 村镇居民住用地
- ⊡ 公共汽车站场
- ⊡ 社会停车场

的风景园林、艺术文化、马文化、酒文化、温泉养生五大产业,逐步实现园区产业结构转型和旅游产业升级。规划按照近、中、远三期实施,分期进行村落改造与建设,同时逐步实施土地扭转和农转非。预计到 2030 年,实现园区农业人口全部扭转为城市人口。园区需要旅游服务人口 32248 人,可为园区常住人口提供每户 2 个共计 10352 个就业岗位,从事农家乐住宿接待、种植业雇佣、商业服务业等。根据不同村落的发展特色,当地居民可以通过土地租金、项目分红、个体经营、就近工作等不同方式获取收入来源,实现旅游富民,将园区建设成"有农田不是乡村,有居民不是城市"的新型世界文化遗产旅游人居园区。

六、结语

本规划对世界文化遗产地的保护与发展进行了创新的研究和探索。在解决保护与发展之间矛盾的过程中,风景园林无疑可以发挥更为至关重要的作用,对文化遗产地的遗产、文物、环境的保护与提升是大有裨益的,也为遗产地的规划建设提供一种具有探索性的思路和方法。

项目组成员名单
项目负责人:刘滨谊
项目参加人:臧庆生　陈　威　戴　睿　赵　彦
　　　　　　唐　真　刘　菲等
项目演讲人:陈　威

杭州钱江新城核心区"城市景观轴线"整合规划与设计

杭州市园林设计院股份有限公司／钟正龙

园林绿地系统

园林一词出现在汉代（公元1世纪），来自古代的游娱和畋猎范围，园聚如林；绿地源自古代的四旁植树和村宅园圃，有着防风避晒、表道固地和生产实用功能；园林绿地系统是由若干园林、绿地和相关要素按一定的关系组成一个整体。当代的园林绿地系统一般占城市总用地的20%～38%。

杭州作为长三角经济圈的两大副中心城市之一，她的CBD——"杭州钱江新城"建设选择了"择地新建"的开发模式。而作为国家首批历史文化名城，中国最佳旅游城市的杭州，就新城的园林设计、景观布局等方面怎么做到既能体现城市的原有特质，又能展现新城的风貌，特别是新城核心区——城市景观轴线的规划与设计。笔者有幸参加了该项目的规划与设计工作，阅历了她的开发建设过程，随着她的破茧成形，自己的工作经验及设计思想亦获得了提升。

一、项目背景

21世纪伊始，杭州市委、市政府提出杭州城市"城市东扩、旅游西进、沿江开发、跨江发展"的战略步骤，钱江新城的开发与建设是其中的重要一环。钱江新城位于杭州市老城区的东南部，地理位置优越，交通便捷。紧邻钱塘江而建，距西湖景区约4.5km，核心区规划面积4.02km²，其中城市景观轴线设计面积约60hm²，从市民中心到城市阳台，从波浪文化城到杭州大剧院、国际会议中心，在园林景观的凝聚力下，将城市的行政、文化、商业等诸多功能高度集合。是杭州"从西湖时代迈向钱塘江时代"的标志性工程，亦打造出杭州城市现代文明、大气开放的新气象。

二、整合目标

在原有规划布局的基础上，依据地块之间的城市关系，提出了：以"一轴两核"为规划布局，打造"林海之上，日月同辉"的园林整合目标。

一轴：从西湖指向钱塘江的城市空间发展主轴线。

两核：以市民中心为主体的"行政核心"、以大剧院和会议中心为主体的"文化核心"。

利用预留用地、会议中心与大剧院周边绿地、以塑造地形和栽植绿化为主，体现"林海之上，日月同辉"的现代与自然的完美结合。展现大气、现代、精致、生态的新城风貌。

三、整合内容及特色

杭州，"人间天堂"的魅力之城、品质之城，西子为眸，钱塘为带。我们将"绿色、生态、人性化"作为了链接城市历史与城市未来的锁扣。

项目整合设计中，主要包括：道路、城市绿色空间的立体化改造及立体水环境的营造等方面的整合内容。

（一）道路绿化

强调道路下穿段绿化景观的营造，体现立体的绿化空间，强调"城市景观轴线"的一体性与完整性。

在很多场地设计中，特别是大型的市政广场项目，都无法避免与市政道路的交汇。如何弱化交通

图1 钱江新城核心平面图

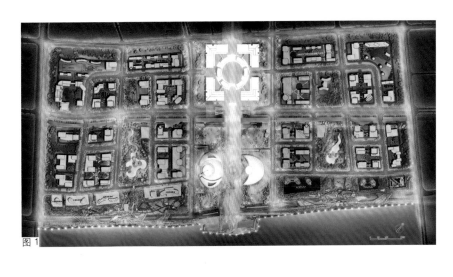

图1

流量对广场上市民活动所产生的硬性分割?如何,降低机动车噪声及废气的影响?在规划设计中将所有市政道路与景观轴线相交处均以"立交化"处理,车流、人流分层设置,强调景观主轴线的统一完整性。对于下穿段的道路绿化,以色叶乔木的自然式列植及垂挂植物的修饰,突出道路绿化的最大绿量,形成立体绿化景观。同时弱化过往车辆所产生噪声、粉尘等不良因素对景观轴线的影响。

(二)城市绿色空间的立体化改造

绿色的城市空间是每一市民所向往的生活场所。但往往因为城市功能的需求,大量的市政设施(停车场、消防通道、建筑构筑物等)人为的、生硬的把我们的绿地切割开来。在城市景观轴线的基

图2

图3

图4

图5

地范围内,包括了预留用地、市民中心绿地、波浪文化城、会议中心、大剧院、城市主阳台、两翼辅阳台为主的几处公共活动空间的处理上,我们采取了地形堆坡、设施平面化或下沉化的处理手法。通过视线的遮挡、林冠的拼接来解决各地块间的自然衔接,体现原建筑特色的同时,见缝插针,以绿色作为城市景观轴线的自然基底,以绿色来融聚各大建筑物,做到绿量的最大化。

三大地标性建筑(市民中心、大剧院、会议中心)均汇集于此区域内,她们的外形各异、外观色彩上亦有所对比,建筑师的个性在城市建设中得到了极大的发挥。风景园林工作者的笔法,无非就是植物、地形、水体这些常规营造手段。在项目设计中,通过对人流的视线分析、将建筑单体美的一面露出来,把建筑间不协调的因素以绿色来撮合,在变化的林冠线上来表现各异的建筑造型。体现"林海之上,日月同辉"的现代与自然的完美融合。

对波浪文化城的地下一层商业空间强调自然采光及通风的功能布局,于地面广场上形成数处敞开式下沉广场。把地面上的阳光及清新空气通过自然的方式引入地下空间,打造"阳光的地下场所",摒弃了传统意义上那些昏暗、沉闷的地下商城。对于下沉广场,并非单纯形体上的下沉,我们将地上的绿色空间也一带引入,于地下一层敞开空间内栽植高大的乔木,同样搭配有层级明显的绿化配植,同样有春暖花开的季相变化,同样有四季有绿的植物景观。形成广场上下两层的绿化格局,将绿量的立体化发挥到极致。

(三)立体水环境的打造

新城依江而建,项目设计时,利用与借用了基地内现有的水资源。新塘河、钱塘江作为贯穿轴线景观区域的河道,利用了两条河道所特有的景观特殊性,强调了内部河道水景的可见性,以及外部河道自然景观(钱塘潮)观赏空间的打造。

钱塘潮水只可远观而不可近玩,作为这一"遗憾"的补充,在设计中通过地面上的喷泉、叠水来营造亲水空间。设置镜水面,来映衬个性建筑的优美。同时对下沉广场亦引入瀑布、跌泉等人造水景,将水景、绿色植物、光线等园林因子协同引入、相互搭配,形成一幅立体的水墨休闲空间。

"八月涛声吼地来,头高数丈触山回。"这是唐代诗人刘禹锡对钱江潮的精彩描绘。场地规划中,通过临江设置柱廊挑台——"城市阳台"来借用自然景观,将"天下奇观"钱江潮的观景点引入城市景观轴线。长久以来,游客都是在江边看潮水的,

常有狂潮袭人的事件发生。也有人不顾交警的警示，驻足于桥上看潮水阻碍交通的情况。通过城市阳台的设置，增添了一处观潮的绝佳休闲场地，游人可凭江远眺，看着滚滚潮水涌过自己的脚下，感触自然景观的奇妙。以阳台作为未来城市发展的跳板，呼应杭州城市"跨江发展"的总体发展目标。不久的将来，当钱江两岸开发完成，沿江两侧城市天际线日益丰满的时候，钱江潮水亦成为城市内部的一大景观。

四、结语

经过近十年的开发建设，核心区城市景观轴线以崭新的面貌亮相于市民面前，给游客带来了一处与西湖景区的秀雅既相区别又一脉相承的生态且大气的都市新景观。回顾整个工程，在管理、规划、设计、监理、施工……诸多部门的共同努力下完成杭州首个"新城"的建设与开放，我们在享受成功与欣慰的同时，还有些许感悟：

一是，多专业的配合与协调，市政建设与景观控制必须同步进行。两者相辅相成，进行合理地统筹设计可避免交叉施工所造成的不必要浪费。绿地性质确定后，应在绿地建设前完成市政管道的铺设，或预埋出足够的管沟通道，避免绿地建好后的不必要开挖。市政设施的外观造型可由园林专业与环境小品统一设计，要么融入景观环境，要么便于绿化遮挡。

二是，不同专业的统一协调，明确设计目标，避免不同专业取向所造成的风格差异。在核心区的建设中，市政、交通、建筑、园林、通信、环艺……多种专业的交织设计，不同的专业有不同的设计出发点，极易造成"百花齐放"的局面。例如，道路岔口的设施小品，交警的信号灯、市政的路灯、电信的无线发射箱、电力的配电箱、环卫的果壳箱……风格各异、大小不一，如果各设计部门提出相应的参数要求，由一主导专业进行统一设计，则很大程度上避免"万家争鸣"的现象。

三是，对项目进程时间的把控，以及整体效果的修饰、提升方面的教训。由于项目的土建工程量巨大，以及天气等客观条件的制约，变相地压缩了原有的园林施工时间。原计划是春季进行绿化种植

图6

图7

图8

图6 "阳光地下"效果图
图7 "城市阳台"效果图
图8 即将竣工的城市景观轴线
     现场照片

的，由于土建的拖累，推迟到七、八月份种植，导致了成活率的下降以及养护成本的提高。原计划种下的植物待梅雨季节来临时可以多抽两轮枝条、多发两枝新叶来丰富乔木的冠形，增加灌木、地被植物的覆盖度。但往往是上层乔木还没种完工期就临近了，直接导致了以增加种植密度来解决绿化效果的问题发生。

一座拔地而起的城市新城，一处代表城市未来景观轴线的形成，凝聚了众多人员的心血与汗水，规划、市政、建筑、园林、交通、环艺……诸多专业的倾力合作。风景园林专业作为整个项目的重要参与方，在项目的推进中，不断地发挥专业特色，将风景园林融入国家的城市化进程中，这或许就是我们青年设计者的应尽责任。

项目组成员名单
项目负责人：周为　钟正龙
项目参加人：周为　钟正龙　周正　雷洪　冷烨
项目演讲人：钟正龙

运河·田园·文化
——大运河森林公园

北京创新景观园林设计公司／陈　雷

一、项目概况

（一）建设背景

根据北京"两轴—两带—多中心"的城市总体规划，将在两个发展带上建设 11 个新城，形成环绕京城的绿色项链。通州新城规划明确了以大运河为核心，充分展示以古运河为纽带的城市形象和文化内涵。大运河森林公园的建设成为通州现代国际新城建设启动的标志，同时也是北京市 11 个万亩滨河森林公园中首个获得批复、开工并完工的项目。总投资 6.6 亿元。

（二）项目概况

项目位于北运河六环路外地带，北起六环路潞通桥、南至武窑桥，位于北运河新筑大堤之间（建设范围包括大堤堤坡外 10m 绿化工程，但不包括巡河堤建设），全长约 8.6km，规划用地总面积 9507.6 亩，其中水面 2288.2 亩、片林 1098.2 亩、果树 1355.6 亩、苗圃 501.4 亩、农田 1028.9 亩、白地 3064.4 亩，其他 170.9 亩。项目用地地形平坦，具备进行滨河森林公园建设的良好条件。

二、设计理念与创意——整体、特色、历史、综合

（一）整体的原则

首先将大运河森林公园做整体的构思，才能明确河堤绿化的景观定位，才能避免局部与整体的矛盾、近期与长远的矛盾。不可以就绿化说绿化。规划的目的是要将上游城市景观与下游生态的田园风光自然衔接，形成运河游览旅游带，实现 1+1>2 综合效益最大化。

（二）特色的原则

通州新城滨河森林公园南区首先应突出历史上运河本来的自然、生态、田园风光的特色，与城市段有明显区别。

特色之二，应充分挖掘运河的传统文化和人文景观。运河文化是本，是无人可比的要素。

我们选择了吻合滨水森林公园的文化要素。《潞河督运图》是设计的重要依据，图中展示了漕运兴盛时万舟骈集、漕粮囤贮、高台瞭望等繁忙景象，以及运河护岸、船坞等细节。还有一些老照片反映了当年运河两岸的民间活动，比如开漕节的祭坝、跑跷等。许多诗文也描述了运河的美景，比如康熙的"兰桨乍移明镜里，绿杨深处坐闻莺"；乾隆的"白云红树通州道，麦垄河场九月秋"。

（三）尊重历史的原则

运河有几千年的历史。可以依托借鉴的历史情节很多，可以追寻的自然景观、人文景观，也有据可查。因此，再现历史的情景，是应当追寻的重要目标。

（四）综合治理，综合效益

充分发挥运河的潜在价值。治河治水，恢复生态，提升文化，开展休闲度假和旅游，达到社会的综合效益。

（五）尊重现场条件的原则

治理运河是一项重要的水利工程，有明确的使用功能。而河的两岸现状有许多林木、果园和农田，因此，因地制宜地利用现状、改造现状、提升现状也是必须遵循的原则。

三、建设目标和定位

建设目标：整治河道，还清碧水。万亩林海，改变生态。运河景观，传承文脉。休闲旅游，造福后代。

景观定位：远观整体，气势宏大大水面、大树林、大景观。近看美景，舒适宜人有园、有景、有花、有趣。

四大特色：运河平阔如镜——水
　　　　　平林层层如浪——树
　　　　　绿杨花树如画——景
　　　　　皇木沉船如烟——古

四、基本构架——一河、两岸、六大景区，十八景点（寻找古运河自然景观）

通州新城滨河森林公园南区紧紧围绕运河的自然、生态、田园风光的主题，追求当年古运河的风韵，共同构建了可观、可游、可赏、可用的运河新景观，为通州新城增添历史的大自然的活力。

两岸四个码头和堤路，通过水陆两线串联起运河田园十八景，并创造性地将自行车道上下行都安排在近河一侧，方便观光游览。多种方式共同连接景观的"链"、服务的"链"、旅游的"链"，提升到一个较高的境界。在通州、在北京乃至全国都是一个有名、有特色的，充满历史、人文、自然、田园美景的令人憧憬的地区。

五、绿化种植规划

大运河森林公园突出的是自然、生态、田园风光，是开阔幽远、气势宏大的北国景观，因此绿化种植只有成规模了，才能与场地的这一特质相符，也只有成规模了，才能真正发挥植物的生态效益。

滨水森林公园景观构架及特色

六大景区	十八景点	景观特色及功能
一、潞河桃柳景区 （潞通桥至宋郎路桥河两岸）	1. 桃柳映岸	滨水景观
	2. 茶棚话夕	文化运河记忆
	3. 皇木古渡	运河记忆
	4. 长虹花雨	休闲
二、月岛闻莺景区 （河中生态岛及周边）	5. 月岛画境	登高瞭望
	6. 湿地蛙声	湿地科普
	7. 半山人家	管理中心
三、银枫秋实景区 （左岸农田处）	8. 银枫秋实	科普
	9. 枣红若涂	历史景观
	10. 大棚囤贮	历史记忆
四、丛林活力景区 （右岸杨柳林处）	11. 风行芦荡	景观
	12. 丛林欢歌	游戏
	13. 双锦天成	服务
五、明镜移舟景区 （甘棠大桥及橡胶坝）	14. 明镜移舟	码头、划船
	15. 夜色涛声	听涛赏月
六、高台平林景区 （甘棠大桥至武窑桥）	16. 平林烟树	森林景观
	17. 绿杨香舟	果林杨柳休闲
	18. 高台浩渺	历史记忆、瞭望

（一）大运河植物大景观——六大植物景观烘托大运河的恢宏气势

1. 潞河桃柳景区

位于潞通桥以南，占地面积近1000亩，设计以植物造景为主，表现运河城市景观向田园风光的自然过渡，大面积的桃花、杏花、李花与垂柳形成了桃柳映岸的优美景观。城市建设拆迁中的大规格的枣树、国槐、榆树等移植到这里并被保护起来，增强了城市的历史记忆。

2. 月岛闻莺景区

月岛是在河道整治过程中形成的凸起地势，四面环水，形似月牙，故名月岛。月岛规划面积256亩，以高大乔木林为主，并有常绿树、花灌木等植物的适宜搭配，岛上共种植了乔、灌、花、草、地被、湿生等各类植物百余个品种，既为鸟类提供筑巢场所，也成为展示北方植物品种的科普示范基地。

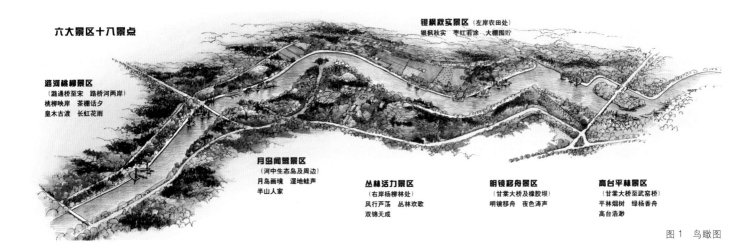

六大景区十八景点

银枫秋实景区（左岸农田处）
银枫秋实 枣红若涂 大棚囤贮

潞河桃柳景区
（潞通桥至宋 路桥河两岸）
桃柳映岸 茶棚话夕
皇木古渡 长虹花雨

月岛闻莺景区
（河中生态岛及周边）
月岛画境 湿地蛙声
半山人家

丛林活力景区
（右岸杨柳林处）
风行芦荡 丛林欢歌
双锦天成

明镜移舟景区
（甘棠大桥及橡胶坝）
明镜移舟 夜色涛声

高台平林景区
（甘棠大桥至武窑桥）
平林烟树 绿杨香舟
高台浩渺

图1 鸟瞰图

3. 银风秋实景区

占地面积 1000 余亩，以漕运码头为背景，以漕粮屯贮为主题，用现代景观语言再现了当年漕粮满囤、秋收归仓的喜悦景象。漕运码头周边设计了粮仓形状的大棚，既可作为"温室"种植四季植物，也可成为展示漕运文化、反映百姓生活和现代都市观光农业产业的一个展示窗口和基地。

图 2

图 3

图 4

图 5

图 6

4. 丛林活力景区

占地面积约 800 亩，近 80% 为原有片林和果园。设计因地制宜，利用了原有资源，又增加常绿树、彩叶树和花灌木，丰富了林地的层次和色彩；林内开辟林窗，增加道路、广场和游戏设施，形成了有特点的林下空间；通过丰富和更新原有果木品种，使这里成为生产、游赏两相宜的采摘区。

5. 明镜移舟景区

位于甘棠橡胶坝附近，占地面积 1000 余亩，是水面最宽阔的地方。在两岸高大的杨树映衬下，更显河面平阔如镜，站在坝头半岛眺望运河，予人无限遐想。景墙上的《潞河督运图》，重现了运河繁荣昌盛的历史画面。

6. 高台平林景区

位于武兴路以南，占地面积 1500 余亩，以植物景观为主，手法自然简约，形成了色彩明快的植物大景观。是运河田园风光向郊野风光的自然过渡。

（二）树种选择——适地适树，乡土树种

根据洪水位 高度要求，不同高程选择不同树种：

防洪大堤——大部分面积在 50 年一遇洪水位以上，可结合道路建设形成赏花的路和穿过树林的路。

滨水绿化——滩地为主，在 20 年一遇至 50 年一遇洪水位之间，选择深根、耐水湿的乡土树种作为基调树种。

（三）注重季相变化，营造四季植物景观

桃柳映岸、银枫秋实、林静涛声几个大景区都是以大尺度景观生态林为主体的，分别突出春景、秋景、大树密林。如银枫秋实是左堤河滩地大面积混交林，大量种植银杏、元宝枫、白蜡、紫叶李和油松、桧柏等秋色叶针阔混交林。单树种片林控制在 30~100m。林缘片植常绿树，保证冬季景观持续稳定。

（四）现状植物的利用和改造

1. 现状片林——大部分保留，边缘改造林相

丛林活力景区沿河原有大片速生杨，我们把沿

图 7

巡河道以外 15~20m 为提升区域。主要是伐除衰老、枯死树，林缘增加景观树种，如：油松、桧柏、垂柳、立柳、元宝枫、绒毛白蜡、栾树、洋槐、八棱海棠、碧桃、紫叶李、紫叶矮樱、木槿、棣棠、金叶莸等，同时通过异龄树搭配丰富景观层次，形成自然群落的效果。使沿河岸景观有形态变化、颜色变化、季相变化、高低起伏、远近错落的林冠线和曲折迂回的林缘线。利用林窗开辟活动空间，如丛林剧场、丛林迷宫等。

2. 现状果林——改造、提升

桃花源和枣红若涂等景点就是利用现状桃园和枣园改造而成的。如桃花源通过"发现桃源"、"探寻桃源"、"小憩桃源"、"采摘桃源"等景观情景再现了陶渊明《桃花源记》的描写。堆筑土山高 1.5~3.5m，坡度 1:4~1:5，种植大垂柳、桧柏、山桃、红叶桃，形成 300m 长的夹径，至桃园深处豁然开朗，以油松、云杉、银杏、国槐、垂柳、碧桃、菊花桃、红叶桃、朱砂碧桃、花叶玉簪、萱草等复层种植，配合桃园采摘，烘托桃花主题。此景点也是中型尺度空间的一处经典设计。

3. 现状大树——保留利用，营造景观节点

现场有一些大树很有姿态和历史感，以柳树、刺槐居多，如柳荫广场，一组大柳树结合运河开漕节的历史，设计了游船码头广场和服务设施。又如红枫码头，也因一株大柳树凸于岸上，后建成左岸银枫秋实景区的码头广场。这两处都成为公园标志性的景点。

（五）部分景区强调物种多样性、提高科技含量

1. 复层种植，重要节点创造群落景观和混交林

例如丛林迷宫是典型的小尺度空间，设计采用多层复层 + 密植小灌木，形成封闭小空间。上层：国槐 + 桧柏，栾树 + 元宝枫 + 云杉；中层：紫薇 + 木槿 + 丁香 + 锦带花 + 珍珠梅 + 女贞；下层：红瑞木 + 迎春 + 金叶女贞 + 黄杨 + 沙地柏。

2. 大量使用野花组合地被

作为大面积混交林的下层结构，运河的地被栽植面积 253hm²，近公园面积一半，不可能栽人工

修剪草坪。因此，大量使用野花组合地被，局部节点使用品种单纯的野花品种或新优地被。野花组合地被分为沿路、滨水、疏林草地、新植林下、现状林下几种类型。例如：林静涛声的耐旱林下组合——白三叶 45%、甘野菊 35%、紫花苜蓿 5%、二月兰 10%、天人菊 5%。堤路两边各 5~10m 林缘组合——苦荬菜 10%、紫花地丁 10%、石竹 10%、虞美人 10%、宿根亚麻 10%、矮生重瓣黑心菊 10%、矮丛苔草 40%。

图 8

图 9

图 10

图 11

图 12

图 13

图 14

图 15

图 16

图 17

图 18

图 19

3.模拟自然界的动物生境

月岛闻莺的生态招鸟林和沿河几处湿地是重点模拟区域。

湿地是滨水公园的亮点。湿地蛙声以科普为主，展示北京常见的五个水生植物群落——香蒲沼泽群落、芦苇沼泽群落、菖蒲沼泽群落、水葱沼泽群落及球穗莎草沼泽群落。同时，设计蝴蝶、蜻蜓、昆虫和青蛙等湿地动物所喜爱的小溪、洼地、草地等生境。

风行芦荡是右岸 1km 长的河流湿地，是对古运河自然景观的恢复。现场是高程一致的浅水区，设计在此开挖浅沟水道，引入河水分隔出若干湿地岛，岛上缓坡种植大面积的芦苇、菖蒲，繁殖期的鸟类可在几个略高的小岛上孵化，提供了很好的候鸟、水禽的栖息地。常水位的变化带来丰水期和枯水期的不同景观。只在南北两端局部设置木栈道深入到主河道边，以不打扰鸟类繁殖。

（六）堤路绿化

堤岸的道路应当是交通的路、安全的路，也是景观的路、导游的路。因此，8~10km 的路程上，要有起伏、变化，要有景致。

1.穿过树林的路

从城市走到这里，两岸为层层叠叠的树林，已经使人接近自然、享受自然。树林有四季变化的自然景观，在设计中，特别设计了：

春季杨柳垂青，桃李满园。

夏季树荫清凉，山花铺地。

秋季色叶绚丽，层层叠叠。

冬季白雪青松，穿插林间。

2.赏花的路

堤两侧除种植高大林木外，同时有节奏、有秩序地成片、成片种植春花——杏花、桃花、海棠、梨花。沿路可以赏花、看景。种植的桃花与成片的果园连成一片一望无际的"花海"，使久居城市的人可以饱览大自然的情怀。夏季，林下、林间空地、疏林中、果树下种植地被草花，成片山花野草，别有秀丽的情景。

3.绚丽的路

秋季色叶层层叠叠，金黄色的银杏、洋槐、白蜡，红色橙色的元宝枫、黄栌、紫叶李、紫叶矮樱，绚丽多彩，秋意盎然。

4.堤岸绿化与运河景观、农田景观联系、互借、互动

利用沿岸景致变化，时而穿梭在密林中，时而透过疏林看到远处的运河、农田、果园、林舍，游

览中丰富多彩。既享受了大自然，又有现代都市农业走廊的先进和规模。

5. 融入绿化种植新理念

改变树林的单纯、品种的单一。融入复层种植、群落种植、混交林的基本概念。

（七）绿化种植数量

种植大乔木 12.7 万株，其中 1/4 为常绿树，落叶乔木约 9.7 万株，常绿乔木约 3 万株；花灌木 18.3 万株；地被约 120 万 m²。

六、景观小品设计

（一）生态小品设计

大运河森林公园的总体设计中，突出历史上大运河本来的自然、生态、田园风光的特色。在景观小品的设计中也必须紧扣这一主题特色，以期达到浑然天成的景观效果。

在景观小品的布局上，首先以能不做尽量不作为原则，尽量减少人工设施对自然景观的破坏。第二，以方便游人游览使用为前提。景观设施突出生态、自然和舒适。强调在自然景观的大背景的点景小品，要与自然景观相互映衬、相得益彰。如风行芦荡中的木栈道和休憩草棚，隐没在芦苇丛中时隐时现。既可以让游人自由的领略湿地风光，又不会对自然景观产生影响。现已成为摄影和绘画爱好者写生、采风的理想场所。

在景观小品的建设材料选择上，我们尽量采用去皮原木，以保留木材本身的自然纹理，用碳化的防腐处理方式，以减少化学制剂的使用。采用木板瓦或茅草屋顶，彰显景观的自然与和谐。基础尽量采用天然毛石，减少钢筋混凝土的应用。以期尽量少的对大运河自然环境产生损害。在保证安全的前提下尽可能地减少开挖、砌筑等土建工程，减少对自然地貌的扰动。如丛林迷宫将迷宫游戏搬入森林中，以乔木、灌木围合空间，通过在林间园路上设置木人拦截、木桩阵、矮竹篱等设施为游人行走增加困难和障碍，丰富游戏体验，还在场地中设置了林间木屋和眺望台等设施，以毛石、实木、茅草（仿真草）为主要材料，体现郊野生态、古朴自然的设计理念，林间还有动物造型的小品，体现丛林迷宫的趣味性。

（二）文化小品设计

景观小品也是千年运河文化的重要载体，不需太多，但起到画龙点睛的作用。如明镜移舟坝头

半岛的景墙上刻有《潞河督运图》，引人眺望运河，浮想联翩。又如柳荫广场的运河开漕节景墙上有祭坝、跑跷、小车会等活动场景，再现了当年运河漕运的繁忙景象。还有饶有趣味的密符扇广场，更将漕运文化、影视作品、群众娱乐结合在一起，鲜活地展现和传承了古老的运河文化。

七、新优环保技术的应用

除种植外，在硬质景观方面，我们也尽量多的尝试使用环保生态的新技术、新做法。例如：鱼池用天然黏土防渗；月岛周边将石笼外挂荆条拍子，模拟古老运河的护岸做法；左堤河岸部分使用活体柳桩护岸；铺装材料大量使用透水砖，局部节点应用彩色透水混凝土；陡坡使用生态袋防止水土流失等等。这些方法都更进一步实现并还原了运河自然、生态的田原风貌。

八、总结

大运河森林公园于 2007 年起创意规划，2009 年 4 月开工，于 2010 年 9 月竣工落成并向社会开放。获 2010 年度建设部中国人居环境范例奖，2013 年成为国家 AAAA 级旅游景区，并位居 48 家之首。

一个成功的设计，一定是集中了集体智慧，一定是大家的。还有就是设计人员一定要深入实际，不是简单画图了事，而是要把创意的思想，大家的思想、领导的思想、科学合理而艺术地落实到土地之上，要研究各方面的合理需求，包括研究土地和自然的需求，这是非常重要的。要把施工看成是设计再创造的过程，由于我们坚持现场服务 5 年的时间，才有可能获得这样今天这样的成果，这是大家共同的劳动成果，我们是最大限度地溶于群众、溶于生活，深入实际，用自己的专业知识为社会、为最广大群众服务，才能赢得良好的社会反响，大众化的社会价值就在于此。

项目组成员名单

项目负责人：陈雷

项目参加人：吴田田　赵滨松　张　坡　张祖刚
　　　　　　赵　静　李慧霞　刘植梅　吴小舟
　　　　　　闫东刚　张　晗　曹　晔　王丹等

项目撰稿人：陈雷

项目演讲人：吴田田

注：图3、图8、图9、图12、图15为摄影大赛作品，特此感谢。

"龙河川"

——克拉玛依河首、尾区改造设计

新疆城乡规划设计研究院有限公司／刘 谞 王 策 普丽群 赫春红 郭 琼

> 云涧直落油城　汇万水恩泽民生
> 哺育百万儿女　情洒大河大川
> 川河成潮　龙河悠长
> 故而，点龙、线河、面川者，其恢宏之气
> 非中华西域第一城克拉玛依独尊
> 诠释为《龙河川》！

一、项目背景

克拉玛依市是一座以石油石化产业为主的资源型城市，是祖国西部璀璨的明珠。从 1955 年的第一口油井喷油到今天世界石油城的发展蓝图，经历了翻天覆地的历史巨变，尤以 2000 年"引额济克"工程的落成，更是为城市的经济、文化、生态建设带来了巨大的效益。

新时期，克拉玛依提出了城市由单一资源型经济向综合型经济转变的发展目标，并着力提升城市整体旅游环境，推动第三产业的发展，克拉玛依风景带被列为转型过程中重要的建设项目。

克拉玛依河在经历了 1997 年的始建，2008 年、2012 年的两次扩建后，又迎来克拉玛依河上最为重要两处的改扩建，将使克拉玛依河的整体风貌环境发生质的转变，更是城市转型过程中具有历史性、文化性、地域性的明智之举。

二、现状概况

(一)九龙潭景区

克拉玛依河首部区域即"九龙潭景区"位于克拉玛依河东部源头区域，总用地面积 44.95 万 m²。场地地势北高南低，北部为荒地浅丘，南部有防护

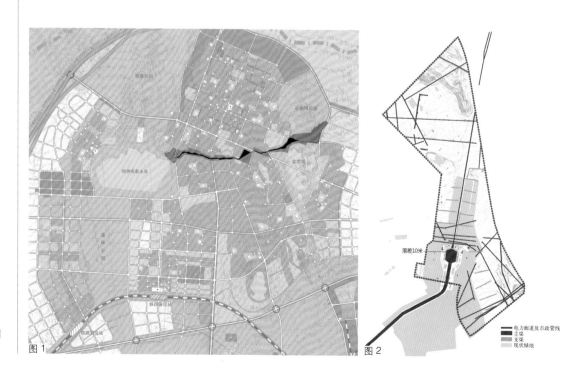

图1

图2

林地。现状南北向引水渠坡度 1.56%~3.96%，九龙吐水处跌水落差 10m，从东环路至克拉玛依河间水体总落差 22.5m，现状流量 10~12m³/s。景区用地性质属公园绿地，周边用地性质为生态绿地、公园绿地、发展备用地。景区毗邻未来东部新城核心区，南部拟建东湖公园，西部是未来的石油博览园。

（二）西月潭水库入口区

克拉玛依河尾部区域即"西月潭水库入口区"位于克拉玛依河西南部末端，是北部老城、西部新城和西南科技城三大城市板块结合部，总用地面积 15.98 万 m²。景区用地性质为生态绿地，周边用地有居住用地、生态绿地、公园绿地。景区地形东北高西南低，地形起伏不大，西北角是绿地，南部是水库防护林地，周围有大片的居住区，水库大坝由东南向西北延伸入项目区，两条高压电力走廊从项目区中部穿过。水库入口区克拉玛依河与西月潭水利落差 6m，河水最终由地下管涵汇入西月潭。

三、定位与目标

通过对九龙潭景区的功能需求分析得出九龙潭景区是克拉玛依河风景带首部景区，克拉玛依河水上游线始发站，克拉玛依水节举办地及克拉玛依重要的旅游目的地之一。由场地的多重解读，得出改造设计的愿景目标是：中国西部著名的水利奇观，油城文化精神之象征，克拉玛依地标性景区。

通过对西月潭水库入口区的功能需求分析得出项目区是克拉玛依河与西月潭之间的结合部及两水之间的水上换乘枢纽，游船停靠修整及管理服务区，周边居民休闲亲水的港湾，三大城市功能板块的整合空间。由场地的多重解读，得出改造设计的愿景目标是：中国西部著名的水上广场、新疆著名的浪漫港湾、西月潭景区特质景观。

四、技术路线

（一）九龙潭景区

考虑到改造设计是解决好克拉玛依河源头水利落差的问题，并对克拉玛依河源头空间环境再次提升品质，统筹已建成的克拉玛依河景观以及现状区域与周围环境的关系，方案设计前期，我们通过水利构筑物的位置、改造形态、水景气势的多方案比较，推导出最终设计方案。

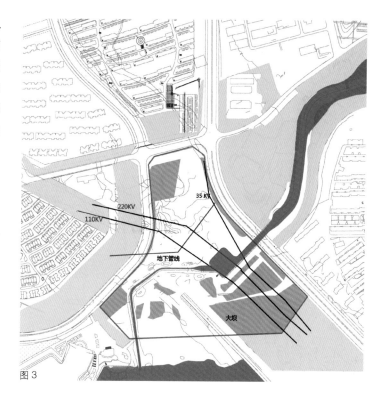

图 3

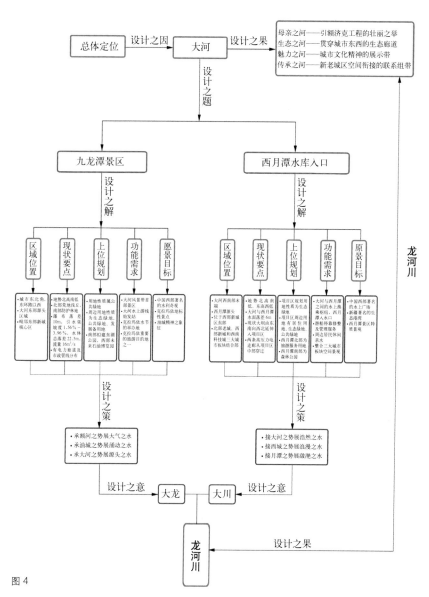

图 4

在改造位置方面，我们通过水利落差在克拉玛依河轴线所处不同位置从空间品质、景点关联度、地貌改造的角度出发，提出在原址区域的改建设计思路。在改造形态方面，通过不同空间环境设计方案的比较，提出渠道立体型改造，服务区域整体环境，形成多视角观赏面的设计构想。在水景气势方面，通过自然界落差水景气势对水利要素的分析，提出水景设计宜借鉴自然特点，结合总体水量，利用现状地形地势，塑造鲜明的个性。

（二）西月潭水库入口区

改造设计将码头、船坞、水体这三个重要的景观元素进行了多个子项的分析比较，最终得出优选方案。

优选设计方案克服现状地形条件的限制，通过适当的地形整治形成宽阔的大水面及山体，水体设计利用克拉玛依河与西月潭的落差，形成浪漫的水上交通景观和情趣的动态水体景观。水利设施的运用，解决了上下游船连接通航的问题。景区功能性建筑巧妙融入整合的地形中，形成生态建筑，既满足修船、管理的功能需求，又营造了丰富的景观空间。景区中高压走廊，也巧妙的保留，形成水上高压走廊。

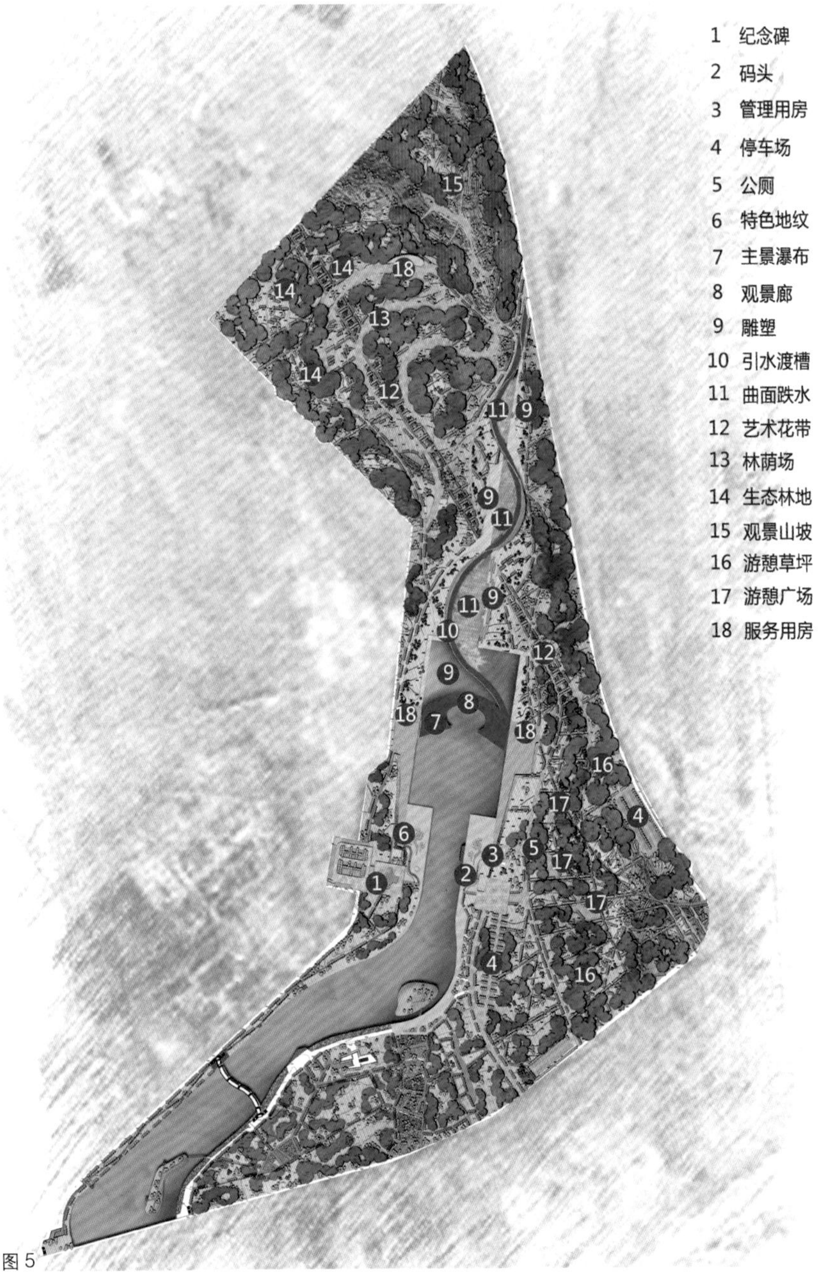

五、总体设计

（一）九龙潭景区

1. 平面布局

方案设计平面布局中将直线形渠道改造为与场地环境相互沟通的曲线形，使场地空间富于变化，周边环境中采用曲线与斜向轴线的穿插，形成西北区域、东南区域相迎合的趋势。设计还考虑未来石油博览园、东湖公园的规划及现有克拉玛依河景观，在平面空间上有所对比、呼应与衔接。

2. 功能分区

景区设计上共分四个功能区，分别为生态恢复区、绿荫休闲区、引水文化区、中心水景区。

生态恢复区位于景区西北部，通过人工干预，栽植抗性强的乡土植物，促使原有采油区、荒山区域恢复绿色，逐步建立绿色生态系统，同时也作为九龙潭景区与石油博览园间的绿色过渡区，为游人提供户外的生态体验场所。

绿荫休闲区位于景区东南部，依托现有林地，划分出漫步休闲区域，与城市道路衔接处增设停车场，该区也是东湖公园与中心水景间的过渡区。

引水文化区位于景区中部，利用蜿蜒曲折的引水渡槽与自然地势高差，形成东西向不同曲面的形体效果及落水形式，水体与周围环境构成开合有致的空间，结合文化小品点缀实现带状的、视觉多变的景区。

中心水景区与已改造河段衔接，集中反映了源头区域水面落差，构筑物的设计令水景瀑布姿态具有变化，步行游线与场地、构筑物上下串接，游人可多视角的观赏水景及感受空间环境。

3. 空间特色

整体空间环境设计上综合考虑东环路沿线视角、黑油山视角及克拉玛依河的视角，利用现状水利落差及场地地形地势，形成引水渡槽及地面水景的高低水面变化，塑造东环路进水口至克拉玛依河区域的整体立面空间效果。

1	纪念碑
2	码头
3	管理用房
4	停车场
5	公厕
6	特色地纹
7	主景瀑布
8	观景廊
9	雕塑
10	引水渡槽
11	曲面跌水
12	艺术花带
13	林荫场
14	生态林地
15	观景山坡
16	游憩草坪
17	游憩广场
18	服务用房

图5

4. 专项设计

景区水景设计由东环路进水口处调整渠道纵坡，渠道采用渡槽形式向克拉玛依河供水，渡槽顶标高控制在392.0。水平的渡槽与自然地面产生了斜向落差，最大落差是克拉玛依河接口处约21m。渡槽的上游采用局部取消超高的方式，让水沿曲面构筑物跌入与地面标高衔接的水溪中，向南流动最终汇入克拉玛依河。渡槽与克拉玛依河衔接处综合考虑现状环境因素及游览方式，将水利落差分为两台。高位水池的顶标高与渡槽衔接，通过半环水池的迂回，形成与克拉玛依河水面的跌水景观；中位水池与上游的溪流衔接。低位水池与克拉玛依河顶标高一致，考虑克拉玛依河南北向轴线关系，采用方形水池相呼应，水中设动态喷泉与瀑布形成浑厚的水景效果。

景区主体建筑与水利构筑物结合分为南段、中段、北段三部分，南段为三层高弧形景观廊道，用"盘龙柱"架空，整个廊道部分总高度约为12.7m，合计总建筑面积约为8500m²；中段为引水道部分，成"S"行布局，内弯侧为流水墙，外弯侧为景观墙体，景观墙体上根据不同需要，可设置成人文景观展示部分，也可局部设置功能用房、通道等；北段顺应地势，顺接上游河水。

景区绿化以"注重生态、适地适树、整体自然"为原则，在现有绿化基础上，营造生态植物群落，形成与主题景观相呼应的绿色基底，并成为城市生态网络的有机组成部分。

景区内综合考虑各功能区特点、游览需求、园区管护等要素设置路网及场地。铺装材质为自然石材、彩色沥青、透水砖、料石、卵石等。

景区夜景重点照明区为引水文化区和中心水景区，照明设计通过多种技术、烘托建筑主体形象及变幻的水景效果，绿地区域以庭院灯、草坪灯的功能性照明为主，景区整体夜景效果突出欢快、热烈、喜庆的气氛。

（二）西月潭水库入口区

1. 平面布局

方案整体平面布局采用弧线型水岸，通过大水面将克拉玛依河与西月潭连成一体。游船码头主景区采用螺旋线构图，给人以向心聚合之感。圆形穹顶的主体构筑物放置于视线焦点处，起到点睛的作用。北部绿地，通过直线与折线打破规整的坡地，给游人带来不同的观赏角度和体验，巧妙地与外围公园绿地联系起来。

图6

图7

图8

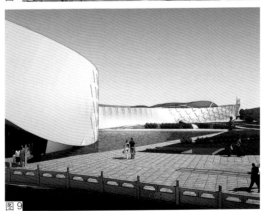

图9

图10

图5　九龙潭景区改造平面图
图6　九龙潭景区改造鸟瞰图
图7　九龙潭景区水景效果图
图8　主体建筑效果图一
图9　主体建筑效果图二
图10　主体建筑夜景效果图

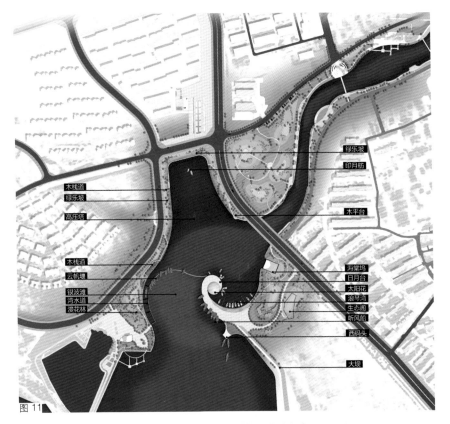

绿乐坡
印月舫
木栈道
绿乐坡
高压塔
木平台

木栈道
云帆堰
银波滩
湾水道
漫花林

海棠坞
日月台
太阳花
浪琴湾
生态阁
听风船

西码头

大坝

图 11

图 12

图 13

图 11 西月潭水库入口区改造平面图
图 12 西月潭水库入口区鸟瞰图一
图 13 西月潭水库入口区鸟瞰图二

2. 景观结构

景区改造后形成了"一心、两轴、三区"的景观结构。

"一心"指新建的游船码头区域，该区域结合现状大坝建设景观码头，形成克拉玛依河与西月潭上下游换乘枢纽站，既满足水上换乘站的功能，又可停靠休憩，游赏两岸宽阔的水景。在码头中心设计一圆形穹顶构筑物，外观采用 UV 板，白天闪亮的外观给人强烈的视觉冲击力，夜晚五彩斑斓的灯光，营造出浪漫温馨的氛围。现状大坝进行艺术化处理，利用个体小而数量众的仿真帆船作为特色空间构筑物，营造一处游船可以避风躲雨的安全港湾。

"两轴"指水轴和绿轴，水轴是克拉玛依河水上游线至游船码头区域的景观轴线；绿轴是沿城市绿地至景区生态建筑、水面，再至外围森林公园的景观轴线。

"三区"分别指坡地滨水区、游船管理区、水道体验区。坡地滨水区内沿北区滨河路，利用道路与水面高差，形成坡地绿化将城市景观引入大水面景观。水边人行步道随地形变化，提供了不同的观赏角度，趣味十足。

游船管理区作为停靠和修理游船的船坞的区域，设计采用自然山体外形作为船坞建筑主体，使建筑融于自然中。

水道体验区利用水体西侧驳岸，打造独具特色的水道，通过三级船闸，解决上下游 6m 的水位高差，使大河与西月潭的游船可以互通。既丰富了游人的乘船体验，又形成了一处亮丽的景观。

3. 空间特色

场地空间环境通过地形整合，形成两处高地与项目区东侧的制高点呼应，营造"三山夹一盆"的空间景观格局，与周边城市绿地景观形成鲜明对比。主体构筑物以简洁大方的气质聚集了所有视线。桅杆林立的帆船，旋律般浪漫而有序的排列，衬托着主体构筑物。

4. 专项设计

景区水景设计通过控制水体的深度不同，满足游船和游人的不同需求。南部水深约 2.3m，满足游船航行。北部水深约 0.7m，在保证安全的前提下满足游人亲水需要。西部的三级船闸，10m 宽，每级落差为 2~2.5m，保证通航。在冬季来临时，作为泄水道使用。

船坞建筑及管理办公建筑的设计与整体环境及山形地势充分结合，船坞建筑基地 1500m²，总建筑面积 1852m²，总高度 8m。船坞的东侧一部分位于山体以下，西侧邻接水域，船舶可直接进入船坞进行修理等工作。建筑内部功能分为大跨度、大空间的船舶修理间的附属用房。

管理办公建筑基地1897m²，处于船坞南侧的山体内部，总建筑面积2595m²，总高度8.25m。考虑到房间采光的问题，建筑内设中庭、环形走廊，整体建筑形体犹如一个火山口，完美的融于山体之中。建筑内部功能分为办公用房和休息室。

景区绿化设计根据不同功能区的景观特点选择植物搭配，形成春花、夏荫、秋叶、冬枝的四季分明、层次丰富的绿地景观。园路铺装设计突出自然、生态的特点，主路、小路掩映在绿色林地中，游船码头区采用较大面积硬质铺装满足游赏需求。景区夜景设计重点照明区为游船码头、帆船溢水堰、船雕，其他区域为功能性照明区域。

六、结语

此项目设计在国内方案邀请赛中获得第一名。赛后，我们总结了设计过程中把握的几项重点作为类似改造工程设计的参考：

（1）熟悉并分析现状环境特点，把握业主改造目的，并由此明确设计的目标与侧重点。

（2）围绕设计理念主题进行相关设计因子的多角度、多方案比选，通过逻辑推导，诠释设计思想。

（3）遵循改造环境与现有空间环境相互借鉴、渗透、补充的原则，在整体协调统一的环境下，突出改造设计亮点。

项目组成员名单

项目负责人：刘 谞

专业负责人：王 策 普丽群

项目参加人：赫春红 郭 琼 侯 莹 刘骁凡
戴 维 李 剑 张金龙 付 丁
许 田 王翠翠

项目演讲人：普丽群

图14

图15

图14 核心景点效果图
图15 游船码头区效果图

海南琼海龙寿洋城乡一体化区域景观规划探讨

北林地景园林规划设计院有限责任公司／赵　涛

一、项目概况

　　龙寿洋位于海南省琼海市，是琼海市政府着力打造的"田园城市、幸福生活"的主要体现点。依托良好的现状资源，将龙寿洋打造成超大型的、多元的、自然生态的田野城市风光带。这里的"田园城市"打造的原则为：不征地、不拆迁、通过发展旅游业带动当地相关产业，改善农民收入水平及生活质量，创造幸福琼海。从生态的角度来说，打造环琼海的田园城市风光带可以有效地控制琼海市嘉积区、官塘区以及博鳌区三个主要城区的发展方向，避免三个城区盲目扩展，导致互相连接，形成大型城区，破坏琼海小尺度城市空间的现状特点。

　　龙寿洋作为环琼海城市田园风光带的先期启动部分，现状是有多个村子组成的位于嘉积区东部的绿带，将东西方向塔洋河两侧一定范围的完整村落包含进来，形成河、湖面、田野、村落及森林等复合型田园风光，南北方向以富海路延长线和万泉河景观带作为控制线，从而形成完整的龙寿洋田园城市片区。

二、景观概念规划

　　在规划中充分结合琼海当地文化特色，以当地历史文脉及现状资源为依托，打造出具有浓郁当地特色的百万亩田洋风光带，充分利用现有资源发展契合当地的经营性项目。通过对现有资源的整合和分类，确立七个功能主题核心，将项目基地划分为七个不同侧重的功能片区。以民俗体验为核心——礼，以农业加工为核心——耕，以康体健身为核

图1

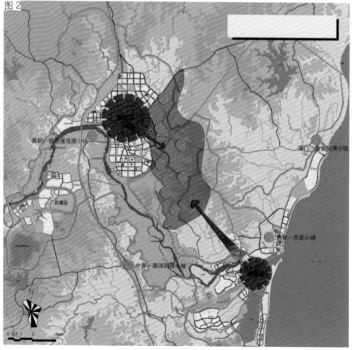

图2

通过对现状资源的整合和分类，确立七个功能主题核心，从而将项目基地划分为七个不同侧重的功能片区

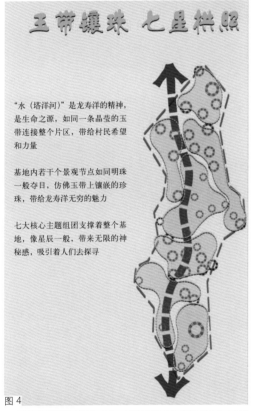

图3

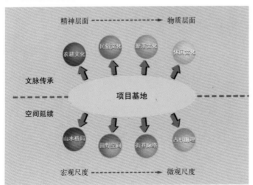

玉带镶珠 七星拱照

"水（塔洋河）"是龙寿洋的精神，是生命之源，如同一条晶莹的玉带连接整个片区，带给村民希望和力量

基地内若干个景观节点如同明珠一般夺目，仿佛玉带上镶嵌的珍珠，带给龙寿洋无穷的魅力

七大核心主题组团支撑着整个基地，像星辰一般，带来无限的神秘感，吸引着人们去探寻

图4

图5

心——舒，以观光游览为核心——赏，以都市休闲为核心——商，以户外运动为核心——探，以疗养度假为核心——逸。

由于塔洋河贯穿龙寿洋整个区域，代表了生命起源，结合七个片区，得出了本项目的规划理念"玉带镶珠，七星拱照"。

通过深度挖掘当地文化，及多次现场踏查，整理出本项目的规划设计思路，既文脉传承、空间延续两条规划主线。文脉传承：农耕文化、民俗文化、聚落文化、休闲文化。空间延续：山水格局、田野空间、街巷脉络、古村肌理。

基于规划思路并结合现状，得出了现有村落改造导则，通过对于民居外立面的修改，使得民居形式整体呈现海南传统民居风格，局部道路由水泥路面更改为碎石等天然材质，增加村落的自然气息，

图1　琼海田园城市发展规划
图2　龙寿洋规划范围
图3　主题功能片区划分
图4　规划理念
图5　设计思路
图6　村落景观改造原则

			增加海南民居的结构，更换表面材质为青砖
村落景观	建筑	新	
		残破	去除危险结构，结合可利用的墙体改造成为休闲空间或景观节点
	植物		保留大乔木，梳理下层空间植物，增加植物层次及颜色
	路口		增设毛石挡墙、植物、指示牌、突出路口节点
	道路	主路	将水泥路面作为基底，上层铺设碎石，减弱道路的僵硬感
		小路	以青石板等较自然地材料铺设，增加两侧的植物
	场地		梳理现有的林下空间，形成供人们休息的场地

图6

另外对现有的树林局部进行梳理，形成可供休憩的小场地。

通过深入探讨，最终形成了龙寿洋片区的概念性方案。

在规划中引入了绿道的概念，借助现有的村路等形成沿路景观多变，穿过村镇、田洋、河流、小溪的绿道。并且根据当地特点，融入健身、瓜果观赏等多样性的绿道。

三、示范区项目概况

示范区位于嘉博路沿线，是龙寿洋西侧入口部分，此部分一期工程包括入口广场、龙庄户水生植物园、九月九文化广场等。此区域主要表达"龙""寿"

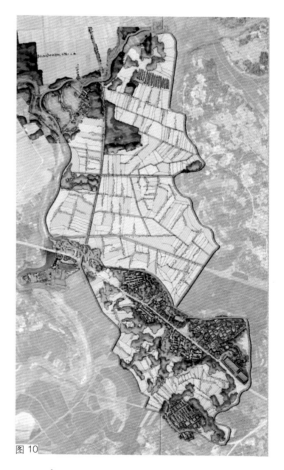

图 10

图 11

图 12

图 7

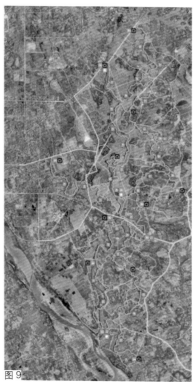

图 9

图 8

图 13

的主题，入口的龙舟广场起到了点题的作用，同时根据传统节日二月二龙抬头及九月九重阳节设置相对应的主题区域，举办与之相关的特色活动，带动旅游业发展的同时带动周边产业，如农业展销等特色项目。

四、特色主题酒店项目——官地村

官地村位于龙寿洋规划区域内，是现状保存较好的古村落，村中建筑多为青瓦坡屋顶的典型当地民居形式，巷道尺度适合，铺砌手法多样，具有浓郁的乡村特色，因此在规划中将此村落定位为再现"琼海田园乡居"的高端度假酒店。

改造理念为：望村——进村——游村——居村——离村。以游人进入村子的过程为主线，分析人的心理，营造多层次的景观空间。

（一）望村

改造理念：本案旨在营造一种安静闲适、低调而奢华、回归自然的古村落生活意境。使逃离都市烦扰的游客感受到世外桃源般的舒心与放松。因此在规划上力图复原《桃花源记》中所描述的场景。从浏览流线上分为：望村、进村、游村、居村、离村五个场景。

村子周围热带植物高大茂盛，村子掩映其中，远远望去几片黛瓦若隐若现，其间隐约传来几声鸡鸣犬吠，犹如一幅青绿山水画，令人神往。

（二）进村

村口道路蜿蜒曲折，路旁绿树成荫，花草缤纷，更有小桥流水，奇石异花点缀其间。客人蜿蜒而来，行至村口豁然开朗，一棵大树亭亭如盖屹立村头。村中屋舍俨然，古色古香，一片宁静祥和，使人心旷神怡。

（三）游村

村中交通保留原来的窄巷及庭院，经过改造增加一些有本地特色的景点，使人行走其间，犹如穿越时空回到几百年前的南洋古村，如行画中，宁静舒适之感油然而生。

（四）居村

村中建筑经过修缮改造，力求体现近代南洋文化内涵，使建筑内敛、低调、含蓄，建筑景观与人文精神完美契合。

图 14

图 15

图 16

图 17

（五）离村

村尾稻田经过整理改造成可供游客进行种植体验的景观稻田，游客来时亲手插几株秧苗，到收获季节为客人邮寄几穗他们自己种植的大米，留住客人的美好回忆，增加客人的居住兴趣，使客人把此处作为人生中的一个驿站，每当需要身心放松时，就想起陶渊明的"归去来兮，田园将芜胡不归？"以此增加客人的回头率。

图 18

图 19

图 20

1、安澜桥　　9、怡然阁
2、倦滩　　　10、蕊寒苑
3、缘溪路　　11、芳草苑
4、品茗阁　　12、博雅堂
5、落英堂　　13、芷兰苑
6、兰亭苑　　14、乐陶舍
7、吟香阁　　15、水榭园
8、丝竹径

经济技术指标：
客房面积：2690m²
配套设施面积：1575m²
总建筑面积：4265m²
精品客房：20套
套房：5套
总统套房：1套

图 21

图 22

图 23

图 24

图 25

"质感"历史及其活化

——杭州白塔公园设计与思考

浙江省城乡规划设计研究院／赵　鹏

公园一词在唐代李延寿所撰《北史》中已有出现，花园一词是由"园"字引申出来，公园花园是城乡园林绿地系统中的骨干要素，其定位和用地相当稳定。当代的公园花园每个城市居民约 6 ~ 30m²/人。

作为杭州唯一一处同时关涉西湖综保工作、运河综保工作和南宋皇城大遗址综保工作的重要工程，杭州白塔公园拥有丰富的文化遗存、独特的历史文化地标价值和复杂的建设条件，是一处以公园为主要功能和空间组织方式的历史地段的有机更新项目，涉及了对文化遗产保护、工业旧址及历史建筑保护与利用、公园开放空间与城市旅游系统组织等在观念和手法上种种新思考。

其中，对资源的深入挖掘和价值判断、对文化要素的创意表现，对城市建设和旅游转型升级的整体思考以及对问题的综合解决，是该项目设计的最大考验。

一、项目概况与基地特征

杭州白塔公园位于六和塔以西的钱江北岸白塔岭一带。西至虎跑路、东至规划引渠路，北至浙赣线，南至江堤。整治研究范围 95.6hm²、方案设计范围 65hm²。

在千年白塔的注视下，在西城东景、通古连今的大的时空背景下，基于独特的南江、北城的区位关系和地理条件，基地成为杭州物流经济地理版图上的多维时空坐标原点，成为：钱塘江与古运河的交汇之处；近代江墅铁路与杭江铁路的衔接之地；钱塘江江南、江北的连接之所。

直接引发千年来的历史流变，成为一跨度久远、脉络连续、意义非凡且独特的物质文化遗产的累积之地和再兴之所。

二、设计思路与设计总则

（一）设计思路

立足 4 大独特条件，围绕 3 大核心价值，重

图 1 白塔公园区位
图 2 江河交汇之所、铁路衔接之地

图1

图2

点解决 5 大关键问题。

1. 立足 4 大独特条件
- 江、城关系
- 物流地位
- 历史脉络
- 现实遗存

图 3

图 4

图 5

图 6

钱塘江大桥

拟保护建筑

白塔[1]、闸口站及相关铁路要素[2]、钱塘江大桥[3]、白塔岭民居群[4]。

2. 围绕 3 大核心价值

杭城独特的历史文化地标、背山面江的风尚旅游节点、城景之间的产业复兴之地。

3. 重点解决 5 大关键问题
(1) 文物保护与展示；
(2) 多元文化的脉络整理；
(3) 工业遗产整治与利用；
(4) 旅游策划与产品设计；
(5) 景观体系与节点设计。

(二) 主题构思

吞吐时运、呼啸传奇——杭城经济地理版图的多维时空坐标原点。

(三) 设计目标

以白塔为核心，历代物流演变为文化脉络，凤凰山景区和钱塘江的旅游景观资源为基础，以历史建筑和工业遗存保护与利用为重点，将白塔公园建设成为钱江沿线的一处历史内涵丰富，文物保护完善、生态环境优美、休闲服务功能齐全、开放度高的文化公园和旅游综合体。

三、适宜性判断与总体设计

(一) 功能分区

根据资源属性及可达性初步判断基地的公共属性分区，形成"滨江公共文化游览带"、"山西生态休闲服务区"、"山体生态观光区"、"山东创意产业及综合整治区"——"一带三区"的"山"字形空间模式和功能分区。

(二) 布局结构

根据具体地段特点、文物保护及其他管制线而有的建设控制分区、视廊要求、进一步形成：一核——白塔核心；二带——东西向的文化游览带和南北向的休闲服务带；四园——白塔园、闸口园、杭江园、大桥园；四区——纪念公园游览区、创意产业区和其他两区的布局结构。

(三) 文化脉络和故事盒子

围绕白塔核心，构建"一心"；三主——江运主题、铁路主题、大桥建设主题；五次——共 9 大故事盒子作为文脉梳理的骨架。

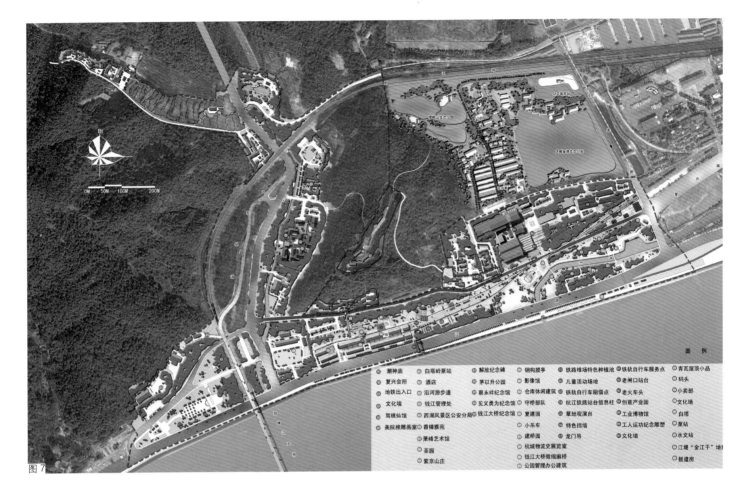

图例

潮神庙	解放纪念碑	钢构膜亭	铁路堆场特色种植池	铁轨自行车服务点	青瓦屋顶小品
复兴会所	白塔岭泵站	影像馆	仓库休闲建筑	老闸口站台	码头
地铁出入口	茅以升公园	儿童活动场地	铁轨自行车租信点	老火车头	小卖部
文化墙	蔡永祥纪念馆	守桥部队	杭江铁路站台信息柱	创意产业园	文化墙
驾桃仙馆	沿河游步道	见义勇为纪念馆	复建园	工业博物馆	白塔
美院根雕画室	钱江管理处	钱江大桥纪念馆	草地观演台	工人运动纪念雕塑	泵站
萧峰艺术馆	西湖风景区公安分局	小吊车	特色挡墙	文化墙	水文站
茶园	香樟雅苑	建桥园	龙门吊		江堤"金江干"地雕
紫京山庄		杭城物流史展览馆			板道房
		钱江大桥微缩廊桥			
		公园管理办公建筑			

图7

图8

图9

图10

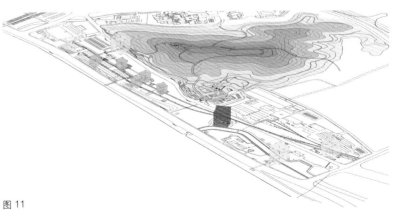

图11

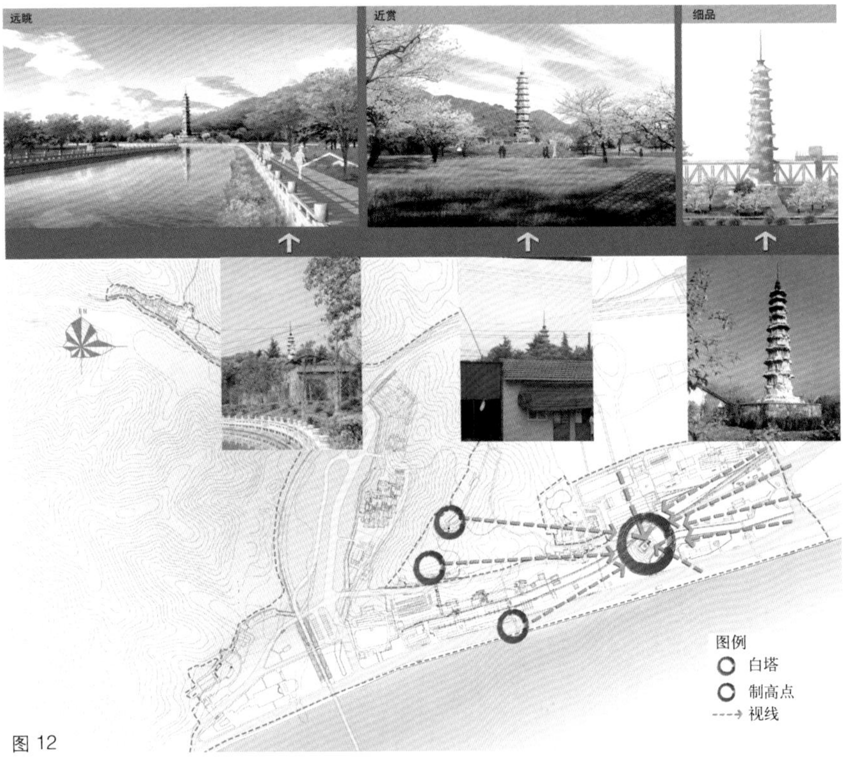

图 12

图 13

图 12　打通视觉廊道
图 13　白塔园效果图
图 14　南宋地经
图 15　闸口园效果图
图 16　铁路博物馆效果图
图 17　杭江园儿童活动区
图 18　等大的大桥单元钢梁架
图 19　白塔岭保护建筑改造

图 14

四、主要节点详细设计

（一）白塔保护与展示——白塔园

1.本体保护

以"整体保护、最小干预"为原则，通过专业评估，根据需要，相应做好清理风化物、填实裂缝、灌浆加固、断裂部位的机械锚固等工作，并做好防风化保护和日常监测工作。

2.视廊组织和高度控制

打通六和塔、复兴路、之江路、洋房山顶、铁路博物馆方向的视廊通道，其中铁路博物馆方向的建筑屋顶改为植草屋顶，以弱化体量感，强化白塔的表现力。由于白塔有限的体量和高度，设计同时控制周边植物高度，避免争高。

3.文化环境塑造

清除周边建筑，移植掉雪松之类不符合文化性格的现有植物。增设部分无基屋顶，以艺术的传达历史的变迁渲染白塔的历史身份。增加南宋地经和缘于发达水运而有的世界上最早的"潮位表"，表现江运物资的文化墙、"金江干"的江堤竹排文化地刻，来进一步传达古代的江、城关系。

（二）闸口园与浙江省铁路博物馆

将杭州机务段两组大的历史建筑组合为浙江省铁路博物馆，展示基地作为江墅铁路——浙省第一条铁路，杭江铁路——民国建设的浙江东西向大动脉的链接之地的独特价值。重点选择建设与经营期间特别的人、物、事加以刻画。

闸口园模拟了江墅铁路开工、知情离杭的场景，拉开场地的时空维度。

（三）杭江园与儿童活动区

货场中段少有建筑，设计成为公园的主要绿色开放空间加以利用，布置了儿童活动区和草坪观演区。

两条保留的铁轨分别作为杭江铁路选线阶段的江南线、江北线的表现载体。其中实施的江南线的主要站点的名称、里程、主要货物等相关内容以信息柱列的形式布置在南线两侧。拟建北线的站名则刻写在北线的轨上。

沿途运输的"货物"以堆场的形式重新出现在未来的公园里，其中较大的"堆场"被设计成公园的儿童活动区。一侧由集装箱改成的建筑进一步保留了货场气息，并为游人提供了休息场所。

铁轨同时作为铁路自行车的游线被组织在游

线里。六和塔到白塔的视廊通道也顺势在铁轨两侧展开。

（四）白塔岭建筑保护与大桥园

钱江大桥的建设极具传奇——建成12年间、4次被毁——2007年还于15号桥墩处发现了1937年炸毁的钢梁。它直接连接了杭州的抗战史、解放史，也反映了中国人民的奋斗史。

基地内现存一与大桥同龄的当年宿舍——白塔岭民居群。在白墙黑瓦外表下，是与大桥钢梁架同理同质的钢构——朴素地记录下了那个年代。设计将其作为反映大桥建设的影像放映馆加以利用。

1. 构建等大的大桥单元钢梁架——还原本地作为原大桥施工货场的历史，为游客提供一处真实体验大桥尺度的机会，并成为联系山体与公园的高架通道。

2. 部分建桥时的施工器具被模拟做户外景观表现，丰富大桥园的现场感和直观形象，并以此与现有大桥纪念馆单纯的室内图像展出互补。

3. 两侧的铁路货场建筑被改造为主题文化休闲区。

五、景观体系和旅游线路组织

（一）景观体系

构建3核、4片、4带的开放式景观系统。

驾涛仙馆作为高处观景点、白塔及设计范围外的六和塔作为两处核心景观点来控制全园的视线组织。

4带界面处理中，虎跑路强调中尺度的郁闭、生态景观；之江路强调大尺度的大开大阖的通道景观；复兴路作为园区内部主要交通、强调人文气质的景观建设，传达钱江气息的潮神庙、表达白塔岭旧有的人居气息的文化广场是其主要节点。

（二）旅游发展定位

1. 区别于中段新城的现代气息，和六和塔、待建的海潮寺等一起，总体上成为钱江北岸西段传统文化板块的重要节点。

2. 密切和北部景区的山地游览和吴越文化游览的旅游网络。

3. 特色游线：吴越白塔再苤钱塘江畔的探索之旅、杭城历代物流发展史略的追溯之旅、钱塘江大桥诞生和复建的寻访之旅、老闸口时尚休闲文化游的品位之旅、江浙近代红色工业文化的感受之旅、滨江绿色公共活动空间的体验之旅。

图15

图16

图17

图18

图19

六、设计思考

同一般文化公园不同，杭州白塔公园的这些文化要素千百年来是被排斥在"（雅）文化"之外——以至于需要"挖掘"。而事实上它们又粒粒饱满而又气脉绵长——以至于难以"修饰"。

这牵涉到历史的两种感知方式。一种是视觉的，形式感很强，放在哪里都耀眼，都会被关注，比如杭州的西湖。还有一种则是触觉的，你必须走近，甚至还需进入和触摸，才能有所体会，比如眼前的闸口白塔。我们称后一种历史为"质感"历史。白塔地区的多处文化遗存，特别是运河、铁路、大桥、仓库等本就不是为了把玩而存在的——无所谓比例、尺度的形式美感，更多是各种材料在功能要求下的坦白组合。

事实上不只是白塔地区，所有跟民生、跟劳动更直接相关的都属于这种"质感"历史。问题是后期景观设计如何呼应这种存在？

一个合适的选择仍然是回到场地自身。放弃对形式的自我主张，而更加强调场地中原有器物和材料的自然表现。所以，包括仓库、机务段等建筑被更多的保留和积极的对待。龙门吊、集装箱、老门牌等都被设计注意并被组织到后期的场景中去。而更多表现原生材料——包括石材、钢材、混凝土材料——的独特质感的方式也被大量使用。在这个设计中，形式是第二位的。

在形式之外，"质感"历史需要更多强调场地"质感"。我们希望可以用这种方式能够更顺利的呼应并激活场地自身的独特气质。除了对历史"质感"的揣摩之外，设计做的另一个工作是对场地历史的"活化"。作为一个历史地段的有机更新项目，所谓"活化"是对这种有机更新的更具表现力的说法。

首先就是文化的活化。文化的静态表现会显得沉闷。这就需要通过一些必要的、富有创意的设计表现，来激活场地原有气质的表现，并彰显时代气息。如白塔陈列室的下沉设置既满足了相关规范的要求，也为历史文化的展示赢得空间，自身的下沉设置也自然呼应了某种历史情绪的表达。而直接利用原机务段建筑改造为铁路博物馆则是对原有文化信息最大限度地激活和展示。

其次就是具体保留建筑功能的活化。通过一些主题休闲、创意园区、文化陈列等功能的置入，最终丰满游赏行为、活化土地价值[5]。

当然，有关"'质感'历史及其活化"的思考不会仅限于上述内容，而且也不是白塔公园的全部内容。但是我们相信这是一把解答白塔公园设计的关键钥匙。

注释

[1] 白塔，位于西湖之南，钱塘江畔白塔岭上，国务院列为全国重点文物保护单位。它与六和塔遥相对峙。建于五代。用纯白石材筑成，故名"白塔"。以木结构塔的模式，呈八面九层状。旧有白塔桥，为当时水陆交通要道。古人诗云："白塔桥边卖地经，长亭短驿甚分明。如何只说临安路，不数中原有几程。"

[2] 光绪三十二年，苏杭甬铁路浙路江墅线于闸口正式开工。闸口站迎来送往了诸多人物，包括孙中山来杭、司徒华林（浙江大学校长、司徒雷登之弟）等一般之江大学的老师更是每天以此作为班车往返。即使在1953年结束客运功能之后，在20世纪60年代末70年代初，杭州近5万名知识青年"上山下乡"屯垦戍边，分赴内蒙古、黑龙江的知青专列，也是从南星桥站闸口货场出发。

[3] 光绪钱塘江大桥1934年11月11日正式动工，在1937年9月26日通车。钱塘江大桥是中国人自行设计、建造的第一个公路铁路桥。大桥的建设和后期的命运同钱塘江潮一般波澜壮阔——12年间，4次被炸、4次复建，直接连接了杭州的抗战史和解放史——他的自强不屈精神也同步体现着中国人民的奋斗历程。

[4] 钱塘江大桥建桥期间，白塔岭下就成了主要施工与存放造桥物资的地方。从江墅铁路运来的造桥设备、钢材、水泥都是在此地卸载存储。如今，在白塔岭上的桥工处已被拆毁，只留下一幢两层楼的建桥职工宿舍——即白塔岭1～13号建筑。

[5] 香港的"活化历史建筑伙伴计划"自2008年启动，旨在通过与非牟利机构的合作，保护并活化再用历史建筑，争取实现公益企业和保护文物双赢。

参考文献

[1] 高念华.闸口白塔.浙江摄影出版社，1996.

[2] 罗坚梅，曹小可.江墅铁路百年纪.见：杭州日报.西湖副刊，2007.8.19.

项目组成员名单

项目负责人：赵 鹏

项目参加人：马仲坤 陈漫华 汪 瑾 赵毅恒 叶麟珀 李伟强

项目演讲人：赵 鹏

苏州市上方山植物园、动物园、科普园规划设计方案

苏州园林设计院有限公司／朱红松　俞　隽

一、总则

（一）规划范围

苏州市上方山植物园、动物园、科普园"三园"项目位于苏州市石湖景区内，范围涵盖上方山国家森林公园及周边的林地、村庄和各类附属厂房。动物园规划面积为47.9hm²，植物园规划面积为78hm²，科普园规划面积为11.5hm²，总面积约137.4hm²。

（二）基本情况

基地所在的石湖景区，隶属于国家级太湖风景名胜区。风景区内有众多的吴越遗迹，两宋明清时期，名人雅士常在此筑墅隐居，纵情山水。留下众多历史人文景观。石湖的核心区域石湖景群和上方山景群，由石湖水系、横山山系及湖山之间的山坞、滨湖地带组成。地形、地貌景观及文化遗址完整，至今仍保留着吴城、越城、郊台、蠡岛等吴越古迹遗址。

项目位于苏州古城中心区5km慢行生活圈范围内，依山傍水，具有得天独厚的自然资源，为各类动物、植物的生长提供了多种类型的生态环境；这里人文资源也同样丰富，著名景点有行春桥、石佛寺、吴王井、乾隆御道、吴中第一林泉等。

（三）上位规划分析

1.《苏州市总体规划2007-2020》

规划明确了苏州城市绿地的五楔：从乡村向城市插入的大型郊野绿地。包括西南角"七子山—石

图1　区位与内部分区

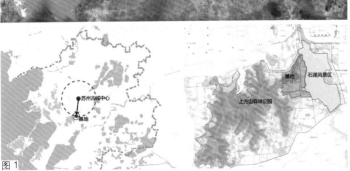

图1

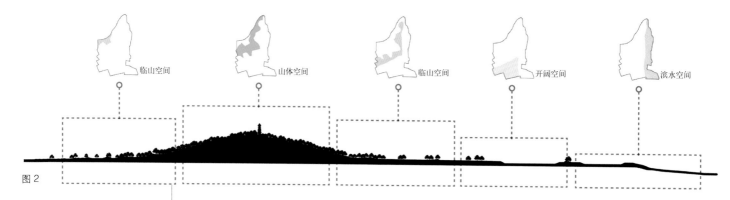

图2

临山空间　　山体空间　　临山空间　　开阔空间　　滨水空间

湖—东太湖"绿楔，东南角"澄湖—吴淞江—独墅湖"绿楔，东北角阳澄湖绿楔，西北角三角咀绿楔，西部"阳山—天平山—灵岩山"绿楔。本次规划范围是其中"七子山—石湖—东太湖"绿楔的重要组成部分。

2.《太湖风景名胜区总体规划》

规划划定了石湖风景区景区界线与保护地带界线。本次规划属于景区范围内，被划入吴山景群。

景区范围内用地应鼓励风景游览区建设，合理扩大其规模，加强风景恢复，控制建设规模。保护地带应严格控制各类建设用地的开发强度等相关内容，保证风景名胜区内外重要景观廊道的通透性，建筑风格应与风景名胜区环境相协调。

3.《苏州市石湖景区东部区域建设规划》

石湖西岸地区与上方山接壤，可利用现有水网、田园资源，采用"融合"手法，融周边绿地、水体、人文景源于基地之中。石湖南端，拟建游憩服务设施，须疏密有致，配以植被、保持通畅的视觉空间。

二、现状调查小结

经过对场地的调研与分析，总结出基地的四大特征：丰富而缺乏梳理的人文资源；丰富多样而未被充分利用的自然地形；地块被人为割裂严重，山水之间缺乏互动；现有景点的陈旧与配套设施的匮乏。

三、总体设计

（一）设计愿景

承吴越文化之韵，寻姑苏山水之美，品生态自然之趣，享生境和谐之乐。

（二）场地主题

以"探索＋发现·自然之趣"为场地主题，以人的活动和参与为导向，以游线和通道建设为主

干展开设计，以组成自然的三大要素：动物、植物和人文为主要内容，并强调三要素之间互动产生的和谐乐趣，使整个场地焕发出生机和活力。

（三）场地策略

场地提出的核心问题：如何使山水之间产生互动？如何避免场地内地块因功能不同而相互割裂？如何建立一个最适宜基地的生态基底？如何将大量活动设施进行合理布置？如何使各种观赏和野性动植物和谐共生？

在规划层面上，我们提出了"地缘重构、板块融合、生境培育、功能生长、生物栖息"五大策略：通过对现状各种要素的层层叠加，形成场地的整体风貌和形态。

● 地缘重构——恢复并加强山水间最初的联系

● 板块融合——通过梳理和组织场地视线，形成能够有机融合整个场地的功能斑块

● 生境培育——根据基地条件对植被进行梳理

● 功能生长——采用具有生命力的设计语汇将场地进行跨界统一

● 生物栖息——以生物需求和喜好为出发点安置生态群落

（四）设计概念

如蔓之生、如脉之承。为了寻求一个能够突破山脉和道路隔断，能够将三园二区牢固联系起来的媒介，我们提出"脉·蔓"的设计概念。以游线和通道建设为核心，通过形态、活动和功能的复合，赋予其生长和延续的力量感，从而将"三园两区"的整个场地聚拢并缝合。

（五）空间结构

依据场地自然条件设置空间类型，形成山地生态观光区、滨湖休闲带两大带状绿色空间，并在两带之间区域设置游览活动带，在三带之间的三个绿楔使山水之间产生联系与互动，通过相互穿插来编织出"三带并行、水绿相缠"的复合空间。

图2　现状图
图3　场地策略
图4　总平面图

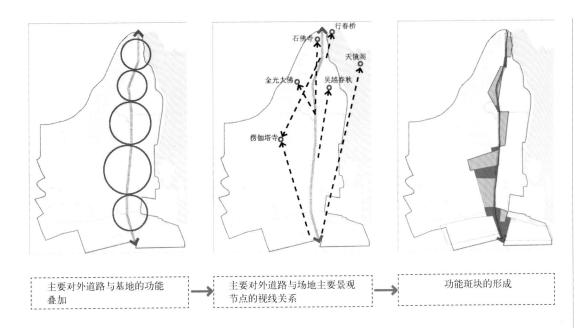

主要对外道路与基地的功能叠加 → 主要对外道路与场地主要景观节点的视线关系 → 功能斑块的形成

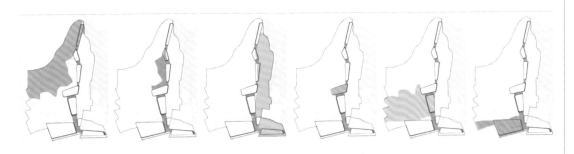

功能斑块与基地内各区块通过功能和活动形成的呼应关系

图3

（六）交通游线

在场地核心空间设置动物通道、植物通道和人文通道三条主要游线；同时根据游客不同的需求，分成不同长度的环形游线，其中包括能够环通整个场地的全景游线和分别环通不同区域的分区游线。

1. 植物通道：跟随一粒植物的种子感受翻山越岭寻找家园的经历

将连接植物园东西两区的翻山步道赋予主题，通过一粒（蒲公英）种子的经历，根据地形，展示不同植被种类的风貌。

起点是位于江南花园的一块蒲公英花田，随后经过珍稀植物展区、落叶阔叶展区、高山草甸展区、针叶阔叶混交林展区、最后抵达温室附近的另一片蒲公英花田。蒲公英种子的形象以雕塑出现在各个展区，作为旅程的象征符号。

2. 动物通道：亲身体验从寒武纪到现代的神奇生命进化历程

借用上方山山体和道路相互挤压形成的狭窄空间，进行地形改造，形成仿岩洞设计的探险形式动

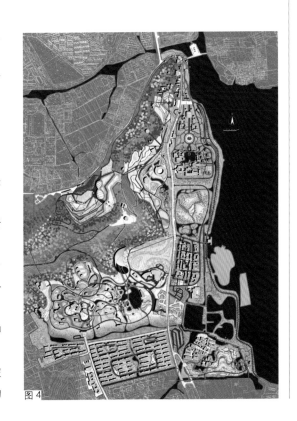

图4

图5

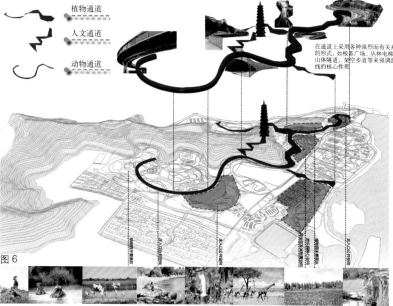

图6

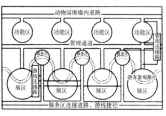
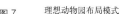

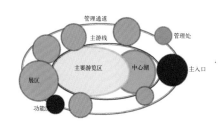

图7　　理想动物园布局模式　　　理想动物园布局模式在本园的应用

图8

物通道。通道以考古乐园为端点，经过时光探险隧道，最后到达雨林馆，进入动物园展区。

3.人文通道：体验上方山古往今来的风土人文

动物园内山麓雨林为起点，经现有山间步道攀山而上，环楞伽塔观湖景，沿现有轨道小路逐级而下，进入植物园。沿途设四个节点，供游客休憩观景，并可以根据时令举办各种小型活动。四个节点分别被赋予不同的主题，为游客提供完整的上方山人文体验。

四、分区简介

（一）动物园

动物园以"欢乐的动物王国"为主题，强调"保育、丰容、参与"三大特色。

● 保育——加强特色动物的保护和培育工作。

● 丰容——积极为动物创造一个拟自然的快乐生活环境。

● 参与——引导并鼓励游客参与饲养动物的过程。

为了更好进行生物保育，规划转变了以动物种类划分空间的传统模式。在本次设计中以动物生境为导向，按基地现状进行生态培育，形成七个模拟生境，分别为：湖泊区、沼泽区、稀树草原区、森林区、灌丛溪谷区、山地区和雨林区。以七大生境为基质，按不同动物的生活习性建立不同类型的生态斑块，构成了可以模拟自然的动物栖息地分布，有利于生物保育的开展。

依据"生物地理岛"理论，动物园被设计成双环结构，内环为架空步道，穿越动物园核心，在体验生物多样性的同时，可以减少游览活动对生境的扰动和割裂；外环是快速通道和管理用道路，两环之间以次级路网联系，为访客提供深度了解动物的机会。

结合动物生境、生态手段、现代材料及高科技手段，创造多元化、参与性、科普性更强的先进动物布展方式。

单向安全玻璃：以单向安全玻璃分隔动物与游客，游客可以观察到动物，但动物看不到游客。一方面避免人的活动对动物的干扰，另一方面可以向游客全面展示动物的各类活动。同时将动物生境向半室内化的游客展厅延伸，实现实境化、无界化动物布展。

高清显示器结合高清摄像头：利用高清显示器结合高清摄像头展示不易观察到的动物，高清摄像头可由游客控制，根据动物习性、生境特点等寻找动物，增加参与性与趣味性，既避免游客观察不到某类动物的遗憾，又在观察工程中融入了科普内容。

动物展区生态分隔：综合运用壕沟、湿地化水塘、本杰士堆等生态手段分隔不同动物展区以及动物展区与游客观察区，使动物生境与动物园大环境生态、有机的结合。

动物与人的和谐互动：对性情温和、无交叉传染威胁、易于人类共处的动物实行散养或半散养方式，为游客提供亲近动物、与动物和谐共处、互动的机会和适当的环境。

参与式、科普式游览：通过不同的探索发现主题增加游览的参与性、趣味性及科普性，激发游客参与的热情，如发现昆虫：发现一种昆虫可收集到一个昆虫图章，收集到一定数量图章后可赢取奖品。

（二）科普园

科普园是动物园和植物园之间的联系枢纽，以"生命的奥秘探险"为主题，在游戏中融合知识普及和科技体验。

- 主题——以生命的奥秘为主题展开游线和活动。
- 知识——在游戏中普及科学知识。
- 科技——最先进的科技手段感受宇宙和生命的神奇。

生命进化探索区位于科普园南部，结合动物园热带雨林通道进行延续设计，采用丛林探险通道、4D效果史前知识馆和模拟考古现场等体验式技术手段，全方位展示生命的神奇。中部为生存冒险拓展区，提供包括攀岩、拓展项目在内的各种野外活动设施；北部是生态友好体验区，包括草地野营、水边垂钓和演艺中心，提供亲近自然和与动物和谐共处的活动设施。

整个景区模拟真实自然环境，多采用生态透水铺装，并将各种游乐设施融入自然生态环境中，营造出怡人的绿色休闲环境。

（三）植物园

植物园以"神奇的植物世界"为主题，强调三大特色。

- 本土——突出本地物种。
- 拟境——根据地形模拟海拔生态环境。
- 体验——多种互动方式增进人与植物的关系的理解。

植物园的特色通过生态，文化，互动三方面来体现的。生态方面，园区布局结构概念源自"根系—枝干—果实"的植物结构，这一仿生设计是本次设计创新点之一。同时以植物所需环境特点和山体现状作为我们的设计依据，对各个专类园进行合理布局。

文化方面，苏州是吴越古城，千年的文化沉淀留给人们太多记忆。我们应该尊重和记忆这片文化场地。石佛寺，楞伽塔院，苏派盆景博物馆，历史陈列博物馆这些场所的设置于保留都是对文化记忆的充分展示。

互动方面，一条特色景观廊道连通山体东西两面片区。同时我们将在园区内规划一条主游线来串联各个特色区块，让游人在认知植物的过程中参与各种户外活动和体验，让这里不仅仅是植物园，还是一处以植物为主题的乐园。

另外，园区设置科研中心和花卉培育区，向社会提供新技术以及新种源的利用研究和交换。

五、结语

苏州市上方山植物园、动物园、游乐园的整体方案遵循文化传承、发掘山水、生态和谐、活力互动、绿色生活的原则，针对场地资源"丰富、纷杂、无序"的现状特点，以对人的活动和感受的引导作为设计切入点，通过对场地的资源进行梳理、提炼和逻辑编辑来最大化人对环境的美好体验和感受，从而实现设计期望和目标。

以该项目为契机，整合上方山景区和石湖景区，并以"三园"的融合为切入点，将为苏州大市区注入新的活力，形成具有典型苏州特色的，有辐射力的，集文化休闲游乐、绿色旅游观光、科普教育于一体的主题体验式生态园。

项目组成员名单
项目负责人：贺风春　朱红松
项目参加人：薛宏伟　俞　隽　胡　玥　宋晓燕
设计合作团队：荷兰NITA设计集团
　　　　　　　苏州市规划设计研究院有限责任公司
项目演讲人：俞　隽

继承传统文明的现代景观

——以安仁神农泉公园为例

北京中国风景园林规划设计研究中心／周大立　刘志明　李　祎

一、项目概况

安仁县位于湖南省东南部，为郴州市直辖县，地处南岭山脉中段与罗霄山脉南段交汇地带，处于"华中经济圈"、"华南经济圈"、"红三角经济圈"多重辐射地区。县政府驻地永乐江镇，周边东接茶陵、炎陵县，南邻资兴、永兴、西连耒阳、衡阳，北接衡东、攸县，素有"八县通衢"之称。

安仁县地处湘南神农文化圈中心，文化上涵盖了神农相关的草药、农耕、茶草各个领域，同时向周边地区呈辐射状发散，构成四周的"神农采茶"之茶陵，"神农创耒"于耒阳，"天降嘉禾，神农种谷"的嘉禾县，"崩葬于长沙"的炎陵县，因此安仁在地域特性上对于神农文化有着归纳汇总的作用并处于统领地位。

二、城市印象

（一）史——深厚的神农文化史

自古以来炎帝神农氏与安仁县源远流长，尝百

图1

草、开创农耕文明，造福当地百姓，直至今日当地百姓对神农感恩戴德之情依旧不减。

（二）景——秀丽的明清古八景

安仁县境内的大石公园、丹霞公园、熊峰山国家森林公园内，散落分布着明清古八景的遗址，体现着安仁文化的厚重感。

（三）民——蕴藏传奇的民风民俗

安仁的民俗文化种类丰富，既有鸡婆糕、端午十子、抖辣椒的特色民俗小吃，又有唱禾戏、赶分社的民俗活动。

（四）节——体现城市风貌的盛会

一年一度的春分药王节传承至今已有近千年的历史，人们择社日祭祀以祈谷，表达着对明天风调雨顺五谷丰登的美好憧憬。

（五）居——独具特色的地方民居

当地民居属于南方汉族地区的天井式合院建筑，融合了中原文化、客家文化及南粤文化，具有马头墙、天井等标志性元素符号。

三、项目理解

（一）周边环境

按照安仁县未来发展"近期由南向北转移，远期向西为主，兼顾向南，内联外延"的方向趋势，本案将势必成为安仁县新区的核心区域，地处新区居住片区枢纽位置，毗邻安仁发展轴线（安仁大道），与新的行政中心仅有一步之遥。项目场地北部为县财政局新址，东部为正在开发建设的地产商业项

图 1 项目区位
图 2 现状照片

图 2

目及学校等公共设施，南部为已建成的星级酒店，西部为外来投资建设的新兴产业区，项目区位优势显著。

（二）公园现状

园内地形起伏多变，高差比较剧烈，四周高，中间低，开阔区域空间有限。场地中湖面面积较大，水形不理想，一定角度位置处观赏湖面的景深不够。场地内原有民居建筑风格杂乱不统一，缺乏景观价值，需改造。植物现状良好，种类丰富，数量庞大，部分区域尤其东部山顶白蚁现象严重，需采取措施改善现状。

（三）SWOT 评价

1. 优势——Strength

区位优势——本项目位于老县城的北部，是新城的起步区域也是未来新城的核心地区，周边交通便利，设施齐全。

自然优势——基地现状以池塘、树林为主，景色优美，软质景观丰富。

文化优势—— 安仁作为一个千年古邑，有着厚重的文化历史积淀，尤其是炎帝神农文化，自远古以来，就有神农到此尝百草、创农耕的传说，时至今日当地还完好地保留着诸多地方特色的民俗传统，如赶分社的节日，传承至今已有近千年的历史，而且现在节日的组织进行已颇具规模，神农文化深入人心。

2. 劣势——Weakness

虽然安仁与炎帝神农氏的关系密切、源远流长，然而在当地并没有太多的相关文物遗迹能够保留至今，同时神农文化产业开发起步与周边地区相比较晚，反而是在周边的耒阳、炎陵县、嘉禾、茶陵却是在神农文化相关的各个领域大力开发着文化产业，并取得一定效果。

基地内地形起伏变化剧烈，湖面占据较大面积，开阔平坦空间范围有限，入口位置高差剧烈需要较大土方作业改造地形，同时要考虑尊重基地现状，不对场地进行大幅度的砍伐移栽。

3. 机遇——Opportunity

本案位于安仁县新城的起步及未来的核心地区，有着带动周边发展的作用，在此重要区域注入传统的神农文化，恰好符合了"植根历史文化，创造现代景观"的原则，同时安仁地处神农文化圈的中心地带，当地的神农文化涵盖了药、农、茶各个领域，不同于周边地区的单一文化领域，而且从区位上看，向四周呈辐射状发散，对于该地区的神农文化有着统领的地位，因此本公园汇集了神农的各个领域的文化、成就，加以提炼深化，是对神农文化的一次更全面的总结、升华。

同时以富有区域特色的自然景观打造魅力核心，以带动周边地块更加快速的发展，满足人们日益增长的休闲娱乐需求和提高生活品质的迫切需要，成为高品质的城市开放空间。而借助周边开发建设的契机，与公园互惠互利，共同增加区域投资价值，从而达到双赢的理想效果。

4. 挑战——Threaten

对于神农文化产业的开发，湖南省内外的例子不胜枚举，然而方式思路多是大同小异，因此如何推陈出新、展现"新神农精神"是重中之重，本案紧密结合当地特有的民俗文化，运用现代的景观手法体现传统文化，园内部分区域不再是简单、机械地向游客展示景观空间，而是通过各种手法、方式将游客参与进来，增强景区参与性，在农耕等传统文化的表现上，大胆地运用具一定科普性质的方式去体现，令人耳目一新。

同时基地位于生活带与产业的衔接处，周边用地性质多样服务人群多样，因此设计要体现与其他公园的差异性，深入挖掘，努力呈现其独特性，构建一个多元性多功能的服务平台。

图3

四、设计理念

（一）关于神农氏

炎帝神农氏——华夏民族的人文始祖，早在远古时期本是中原黄河流域的一族部落的领袖，在与黄帝的斗争中战败后，带领族人南迁到长江流域，走遍了三湘四水，途径安仁境内尝百草、创农耕，开启了当地的文明时代，也许是神农与安仁有缘，近千年来相辅相成、彼此成就了对方，神农若不是机缘巧合来到安仁，或许他并不会彪炳千古、流芳百世，而安仁也不会有如此人丁兴旺、百废俱兴的景象。

（二）设计理念

> 饮水思源，寻千载文明
>
> 继往开来，创安仁丰茂

1.饮水思源

几千年前，神农氏来到安仁境内尝遍百草，传播农耕技术，几千年后的今天，勤劳的安仁人民依然在这片热土上生生不息的劳作着，将神农的文化精神发扬着，可以说安仁今天的一切都得益于神农仁德、无私、勇于奉献的精神。不仅是现在，就是将来，安仁人民也不会忘记神农的功绩，千秋万代、子子孙孙都将会神农精神延续下去，这就是饮水思源。

2.继往开来

"撷拾起昨日智慧的果实，播散下明天希望的种子。"

既尊重历史传统文化，又要开拓进取、推陈出新，园内既有承载着历史的思古景区，又有面向未来彰显"安仁精神"的城市标志。

自炎帝神农氏开创农耕文明已有数千年的历史，如今的安仁已为一座千年古邑，见证着这片土地上一代又一代劳动人民的自强不息，然而随着城市现代化的发展，安仁县新城区的开发，农田不可避免的大面积减少，淡出人们的视野，然而人们对于丰收的期盼是永远不变的，所以运用现代景观手法凝聚民俗文化，提出"丰"作为本园区的主题，将神农精神、农耕文化展示后人。

"丰"字繁体字为"豐"，上部分的构成像是生长着草药的山脉，下部分的豆寓意着五谷，分别象征着草药与农耕，正是神农的两大主要功绩，尝百草、创农耕，以这两个方面将园区划分为"农之丰"、"药之丰"，结合当地特有文化元素分别体现两方面的景观内涵，在这两个区的基础上，另外划分一个"商之丰"区，"商"区承载着已有的传统历史文化，延续着安仁的发展轨迹，展望着更加辉煌璀璨的明天，不久的将来，"民之丰"、"城之丰"、"文化之丰"、"经济之丰"……，这一切都会成为安仁新"丰"貌最好的印证。

五、设计思路及原则

本案"丰"字为主题，按照"一轴一线三区"的思路将整个园区的空间进行分割布置并有组织的串联。

一轴：以神农文化为轴线。

一线：安仁特色的民俗文化作为线索。

三区：分别布置三区"药之丰"、"农之丰"、"商之丰"，不仅是农业的大丰收，更是安仁县各行各业、各个领域取得的成就。

六、总体设计布局

为了体现安仁悠久的古老文化和富有活力的新区风貌，设计结合安仁的地方特色，以现代时尚、简约大气的设计手法，充分体现安仁的新城市风貌。

（一）"药之丰"景区

"神农尝百草，灵药在安仁"，史书记载上古时期炎帝神农氏足迹踏遍三湘四水、尝尽百草、开创

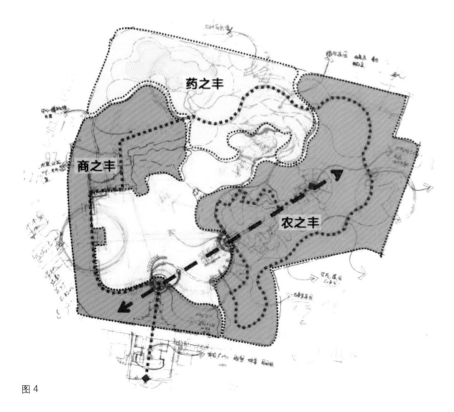

图4

中华医药文化，如今的安仁县有着"南国药都"的美名，更有"药不到安仁不灵，药不到安仁不齐，郎中不到安仁不出名"的俗语，并且安仁至今还保留着春分药王节这一全国独有的民俗节日，因此在景区内势必要着重体现当地的草药文化，将传统的神农草药文化、当地特有的民俗节日氛围与现代的景观元素、表现手法相融合，打造一个植根传统历史文化同时散发现代气息的景观。

（二）"农之丰"景区

园区内的"农之丰"区以"稻田花园"为核心区域，种植油菜花等农作物，通过铺装、小品等景观元素体现当地农耕文化，该区域不再是简单的、机械的展示园区景观空间，而是通过各种方式技术手段让游客参与进来，亲自去田地里体验农耕的乐趣，切身感受当地农耕文化的魅力。"择社日祭祀

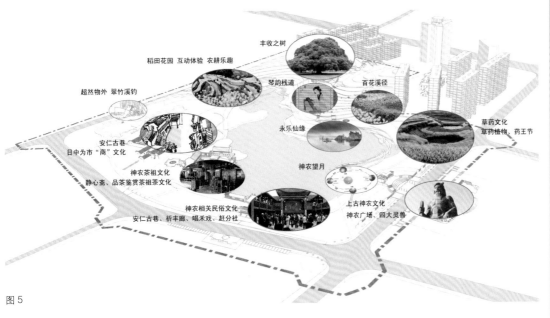

图 5

图 6

图 3 "丰"字的繁体
图 4 "一轴一线三区"
图 5 文化脉络
图 6 总平面图

图 7

图 8

图 9

图 10

以祈谷"表达对安仁明天风调雨顺、五谷丰登的美好憧憬。

（三）"商之丰"景区

安仁县在保留发扬现有的传统文化的基础上，着力开发新领域，近年来安仁取得了瞩目的成就，为创安仁"丰"茂奠定了结实的基础。在"商"区鼓励当地居民开展自给自足有地方特色的商业活动，同时将安仁传统文化与区域内铺装、小品、建筑相融合，并且将近年来安仁的发展情况及未来发展前景在此区域向游客展示，呈现安仁新风貌。

七、结语

神农泉公园作为安仁县的第一个以纪念游览为主的市政公园项目，有着重要的意义，它应该成为安仁县政府的名片，或者说是安仁政府和当地居民沟通的一个媒介、一个平台，是向当地居民展示政府形象、政策、思想的空间，是一个向本地人和外来游客展示安仁古往今来的传统文化，展示安仁近几年来的发展和取得的成就以及展望未来争取更大辉煌的决心的方式。

未来的神农泉公园是以生态为根本，文化展示、纪念游览为主导，集科普、教育、娱乐、健身、体验等休闲功能为一体的城市中心滨水休闲公园。

项目组成员名单
项目负责人：周大立　刘志明
项目参加人：周大立　刘志明　李　祎
项目撰稿人：李　祎

广州东部森林公园（油麻山）建设工程勘察设计

广州园林建筑规划设计院／林敏仪　林兆涛　赖秋红

一、项目概况

油麻山森林公园位于萝岗区中部地区，紧邻均和村、拾排村、九龙围等客家村落。公园研究范围约 25.45km²，设计范围约 8.15km²（协调控制区）。基地客家文化气息浓烈，现存客家四合院和古村落等；其次是军事文化渊源，油麻山曾是东江纵队游击战的抗日根据地之一，山体军事防空洞遍布，有着较为突出的军事地位。公园重点围绕两大文化特色展开一系列设计。

二、基地分析

（一）综合现状分析

场地为山林地，总体建设缺少能够承担综合性森林公园的配套设施。现状交通可达性较差，缺少公共交通配套和停车场配套；山体植被丰富，长势良好，但部分山体遭到挖掘等人为破坏；公园内优良的景观历史文化资源颇多，而且具有唯一性和代表性，但缺乏保护和开发。

（二）开发条件分析

油麻岭森林公园的用地呈中间高，四周低的总体趋势，主峰明显，最高海拔高程 438.2m，三条山凹纵贯南北，用地西南和东北片区为缓丘地带，高程在 142m 以下。油麻山有多条的季节性溪涧，低洼处汇水成塘，主要分布于中部山谷和东部山谷；现有水塘面积约为 5.84hm²，蓄水和水域集中区面积不大。

三、设计理念与定位

山与水是油麻山森林公园的自然基底，人是故事的灵魂，是基地属性与当地文化的交融。提出"那山、那水、那人"为公园设计的理念。

那山——山浪峰涛，层层叠叠，像是顶天立地的真汉子。

那水——晨曦初照，若隐若现，像是绰约多姿的妙女子。

那人——山父之爱，包容万千，孕育人和山的美丽故事。

过去，抗战的英雄保卫我们的家园，追求世界和平；现在，文明的人类保护生存的环境，追求生态平衡；未来，不同的时代有着相同的使命，先人的优秀品格将世代传承。结合公园的景观特点和文化特色，将公园定位为：集生态、休闲、文化、旅游、宜居、智慧六位一体的综合性森林公园。

图 1 公园设计范围图
图 2 公园现状图

图1

图2

图3

那 山——山浪峰涛，层层叠叠，像是顶天立地的真汉子。

那 水——晨曦初照，若隐若现，像是婀约多姿的妙女子。

那 人——山父之爱，包容万千，孕育人和山的美丽故事。

在天地的挥墨上，人是自然的孩子。随时光静静流淌，不闻世事，不曾离开。人和故事需要我们用心去解读⋯⋯

依旧美丽，水依旧动人，人不断进步。

过去——抗战的英雄，我们的先烈，追求世界和平。

现在——文明的人类，生存的平衡，追求生态平衡。

未来——勇于拼搏的精神和客家人勤劳的品格在这座大山里将得到世世代代的传承，溪而森林的故事还在继续。

保护地球

四、总体布局及景区建设

（一）总体布局

根据景观资源现状，全园分为四大片区（图4）：结合北部客家村落和东江纵队抗战革命遗址，打造以客家民俗体验、红色革命纪念、军事教育为特色的核心游览区；西部依山靠水，桃红水绿，打造世外桃源般的养生度假区；东部山林景观良好，榄树成群，定位为户外休闲活动、山林野趣、观光体验的山地休闲区；南部以保育为主，打造森林氧吧为特色的生态保育区。

全园集中打造 28 个景点以突出区域文化特色内涵、森林生态休闲的综合性森林公园。

（二）四大景观分区规划

1. 核心游览区——回归内心，对话未来

设计基于对场地现有的客家村落和东江纵队抗战革命遗址的发掘保护与适当开发，打造以登顶、客家民俗体验、红色革命纪念、军事教育为主要特色景观体验的集游览观光、综合服务、游客集散、军事教育等为一体的综合人文、自然景观的核心景区。

（1）客家民俗体验区，红色革命纪念区，沟谷雨林景观区景观设计

场地位于森林公园北面入口处的谷地，临近均和村规划安置地，地形以缓坡为主，以蕉林、竹林、古迹为主。

景区以两条游线展开设计：东江纵队指挥部旧址为中心展开红色游线；以客家四合院为主的客家文化展开青色游线。红色游线唤起游客对历史的记忆，将人们引向历史文化展区及古迹遗址，高壮的英雄林让人肃然起敬，缅怀先烈。青色游线引导游客体验当地客家文化生活，将人们引向服务性与游览性功能兼备的客家特色建筑，并且以开阔的集散广场及草场为平台，展示客家文化习俗。

（2）古木石韵景观区景观设计

场地位于森林公园中部，以自然石景、古榄树群为特色。

利用游线串联起仙人脚印、景石游园、石屋石壁、古窑等景点；引导游人穿梭于古榄树群和奇石之间，提供休憩停留的亭廊小筑、林间茶坊，使游人在山林光影间感受古石朴风，古木香韵。

（3）萝岗秀色观光区

场地位于森林公园中南部，山势北缓南陡，海拔 438.2m，是全区最高峰。

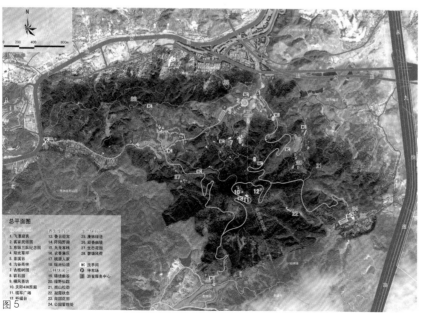

图4

核心游览区

山地休闲区

养生度假区

生态保育区

图5

总平面图

1. 飞瀑迎宾
2. 客家民宿园
3. 东纵三幻纪念园
4. 阳光球环
5. 茶溪谷
6. 沟谷雨林
7. 古榄树园
8. 若石园
9. 楼风菜人家
10. 天阶438图书园
11. 缆车广场
12. 凝聚台
13. 鲁云观日
14. 阡伯别墅
15. 九龙茶园
16. 农家集市
17. 福地仙逸
18. 桃溪仙逸
19. 山珍宴
20. 夜半松涛
21. 岗心花园
22. 凝醉秋色
23. 南国花田
24. 公园管理地
25. 康体陆逸
26. 石趣曲园
27. 生态花园
28. 萝岗桃园

洗手间
停车场
游客服务中心

图 6

图例：
1. 北入口广场　　5. 节庆广场　　10. 蒲涧鸣缨　　15. 古榄树群　　20. 栖凤水榭　　25. 天际 438 围廊
2. 飞瀑迎宾　　6. 客家公馆　　11. 梅花谷　　16. 知青场　　21. 森林 T 台　　26. 陶艺吧
3. 游客中心　　7. 东纵三队纪念园　　12. 梅花轩　　17. 古窑　　22. 叶子广场
4. 客家民俗村　　8. 碑廊　　13. 茶溪谷　　18. 古屋石壁　　23. 祈福台
　　　　9. 蕉竹探溪　　14. 时光掠影　　19. 仙人脚印　　24. 缆车平台

图 7

图 8

图 9

图 10

结合原有防空洞打造红色游览特色隧道，幽暗的甬道进入山体，再从山顶的洞口穿出，经历压抑后顿感开阔，一览众山小。山顶平台沿等高线设置天际观光环绕式走廊。环绕走廊以客家围龙屋为原型，结合屋顶绿化与垂直绿化又将其隐隐于山。360°观景和历史文化展示功能相结合，使红色历史更加深入人心，创造开阔的俯瞰视野，建筑则延续了客家的传统风格。

（4）防空洞设计

利用原有防空洞曲折的动态空间改造成展览空间。曲折的"地下空间"连接缆车停靠点与"天际438″围廊，空间体验上起到欲扬先抑的作用。生动的参观路线和系列情景化的地下展示空间，充分展示了油麻山森林公园故事性的一面。

防空洞的设计以现状山顶原有防空洞为蓝本，结合抗战中的战争场面与场地的本土植物，渲染了区域特有的历史风貌和地理景观。

2. 养生度假区规划——梦始桃源，养神怡心

利用原有农田肌理，设置科普玻璃室、农家乐体验等，为游人提供住宿、科普教育活动平台，使城市中的人回归田园，放松身心，同时也为周边居民提供就业机会。

防空洞隧道直通至天际438围廊

图11

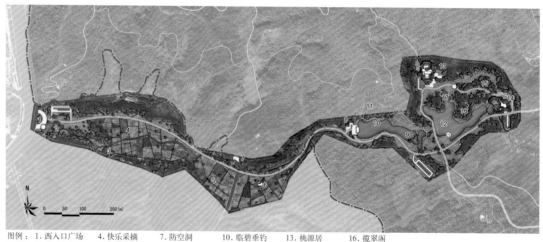

图例：1. 西入口广场　4. 快乐采摘　7. 防空洞　10. 临碧垂钓　13. 桃源居　16. 揽翠阁
　　　2. 叠云迎宾　5. 农艺花园　8. 游客中心　11. 古樟香韵　14. 陶桃居　17. 桃花涧
　　　3. 九龙客栈　6. 农香果乐　9. 流水茶室　12. 瑶池仙境　15. 桃花渊

图12

图13

图14

以水面为景观中心，建筑依山而建，打造以桃花为主题景观的养身度假区，商业开发与公众游览共享景观资源，达到共赢。

（1）阡陌野趣观赏区设计

在西入口广场与自然溪流的交汇处扩大水面景观，设置跌水作为入户前景的标志性景观。场地保留利用了原有荔枝林景观，增加了花田景观，作为果林花海观光游赏区，开展果林采摘、农艺活动等多种体验。

（2）桃源人家度假区设计

场地位于森林公园中西部一处谷地，靠近公园西入口。地势相对平坦，溪涧潺动，湖面光影摇晃。登上揽翠阁，向东北鸟瞰桃林瑶池，顿觉神清气爽；向东南远眺油麻山巅，立感心旷神怡。

酒店建筑依山而建，错落有致，仿佛置身桃花源中，利用依山傍水的地理优势，将游览观光、休闲度假、康生养体、文化娱乐集为一体，为度假养生的洞天福地。

3.山林休闲区规划——仙踪探绿，霞光拾趣

该景区位于森林公园的东部，靠近核心游览区。定位为户外休闲活动、山林野趣观光体验基地。西南部片区通过林相改造，栽植色叶树，打造秋色特色景区，为乘坐缆车观光的人留下更深刻的景观印象。

（1）绿野仙踪活动区景观设计

场地位于森林公园东北部，森林环绕水库，南北向为长面，东西向为窄面。

设计以休闲聚会、拓展运动为主题的区域。改造原有草坪，为露营游客、汽车旅馆提供场地；利用地形设计台地花园，形造锦绣花开的景观；结合林下空间，布置拓展器材，开展各种探险活动。

（2）南国花园设计

场地位于森林公园东南部山麓入口处，较为开阔平坦，其间溪流蜿蜒穿越农田，以高大茁壮的古榄树群为植物景观特色。

引领游人穿梭于田园间，全心感受怡然的南国风光；于入口处设置牌楼广场，为村落的节庆提供活动集散场地。

4.生态保育区规划——沐浴森林，对话自然

生态保育区强调慢节奏的休闲游赏。区域内结合生态科普教育、生态保育的信息，打造生态氧吧，通过合理组织游线，引导游客穿梭、漫步于山林中，全心感受大自然的馈赠。

（1）康林绿语游憩区设计

场地邻近均和村安置区，位于北入口处。现状空间为山地中的密林区，不宜于过度开发。

图 11　防空洞设计效果图
图 12　养生度假区平面图
图 13　阡陌野趣效果图
图 14　桃源人家鸟瞰图
图 15　锦绣园效果图
图 16　公园东入口景观效果图
图 17　山林休闲区总平面图
图 18　生态保育区总平面图

图 15

图 16

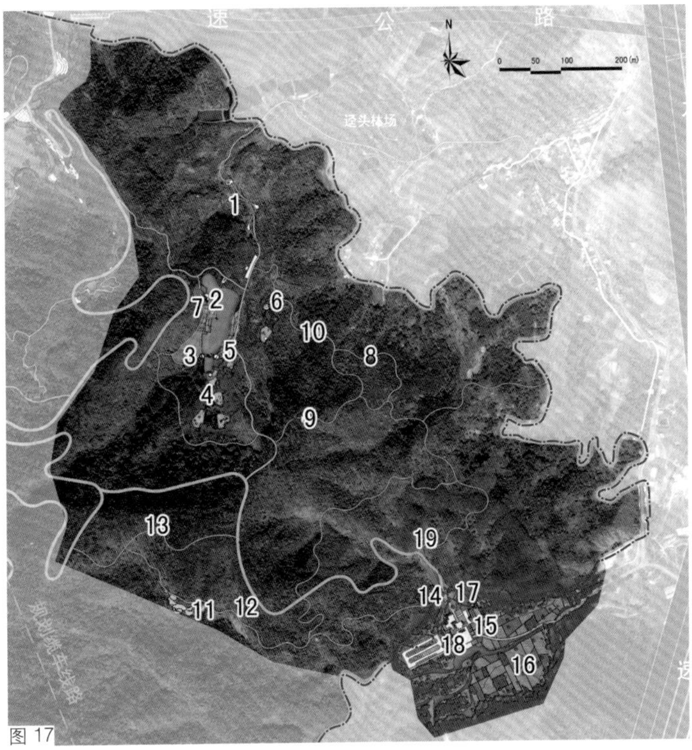

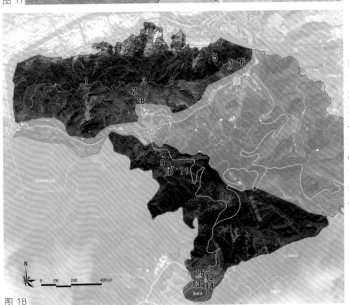
图 17

图例：
1.野生芭蕉林
2.湿地花坞
3.野营基地
4.锦绣幽谷探险
5.野战俱乐部
6.野战场
7.泽温水坊
8.森林树屋
9.岗山劲松
10.山地自行车
11.醉霞亭
12.红叶谷
13.高桥漫步
14.锦绣皮溪
15.南国花海
16.南国田园
17.公园管理中心
18.东入口广场
19.紫藤走廊

图 18

图例：
1.茶香亭
2.桃香亭
3.桂香亭
4.瑞香亭
5.康林绿语
6.缆车平台
7.茶室
8.桃花涧
9.舞动的树枝
10.哭泣的森林
11.罐子记忆
12.南入口广场
13.碧塘风荷
14.九拱桥
15.公园管理处

图 19

图 20

图 21

图 22

图 23

图 24

梭形的散步道结合线性长廊，周边栽植樟树、桂花、广玉兰等芳香植物，为人们在林间漫步提供了停留与游憩的空间。

（2）碧塘风荷景观区设计

场地位于森林公园南部入口处。其间有溪流穿越，水面较为开阔。

入口的九拱桥、水榭、伴月亭互为犄角，形成了诗画般的视觉对景。当夏日到来，满眼的映日荷花营造如笔墨山水气息的雅致空间。

五、植物景观工程

油麻山的植物景观工程重点为林相改造及防火林带规划。根据油麻山现状植被资源环境，景观结构，油麻山植物规划可分为：园林绿化植物区、滨水植物区、林相改造植物区、生态地被恢复植物区。根据各景观区设计意境配置主题植物。公园绿化运用自然群落式种植模式，以乡土园林树木为主进行种植搭配，营造有当地特色的植物景观。

六、结语

森林公园的总体设计，应以良好的森林生态环境为主体，充分利用森林旅游资源，在可持续利用和保证生物多样性的原则下，对公园进行保护开发，健全基础设施、配套服务设施，从而达到自然和人工的高效结合，发挥自身优势，形成独特风格和地方特色，遵循基地历史文化发展轨迹是森林公园特色化和提升品牌的重要体现。

随着工业化、城市化进程的加快和人们物质文化生活水平的不断提高，人们走进森林、回归自然的愿望越来越迫切，森林旅游作为一种新兴的旅游方式，正适应了人们的这种需求，成为一种时尚。因此，油麻山森林公园建设项目市场前景广阔，经济效益良好，生态效益和社会效益较为明显，是人们旅游、休假、返璞归真的优良胜地。

项目组成员名单

项目负责人：陶晓辉

项目参加人：陶晓辉　金海湘　梁曦亮　林兆涛
　　　　　　赖秋红　李晓冰　黎俊杰　陈祖冬

项目撰稿人：林敏仪　林兆涛　赖秋红

项目演讲人：林敏仪

园林的融合与创新

——以菏泽曹州牡丹园改造工程为例

北京北林地景园林规划设计院有限责任公司／李 雷 许健宇

近10年，我国的园林设计行业经历了一个飞速发展的时期，在这个时期内，园林设计界经历了源于西方的现代主义设计思潮的洗礼，大规模的城市建设中越来越多的现代化公园、广场以及居住区出现了。这些城市开放空间，绝大多数融入了贴近当代生活的功能体系和简练的布局结构，在城市中产生了卓著的生态效益和社会效益。然而设计手法的单一、文化内涵的缺失是这种突飞猛进的行业发展背后涌现出来的问题，场所的文化归属感在哪里？可识别性在哪里？在反复的实践与反思中可以看到，本土设计师正在走向成熟，在丰富的项目阅历后，逐渐开始在传统与创新之间寻找契合点。如何将本土文化精髓以及地域特点与现代的功能使用融合起来，并在不失传统的基础上有所创新，成为一个新的课题。本文试图以曹州牡丹园改造工程的设计为例，阐述笔者在园林的融合与创新方面的一些尝试。

一、项目背景

曹州牡丹园位于山东省菏泽市牡丹区，该园总面积1100多亩，是菏泽市最大的牡丹观赏区，也是市区范围内最大的公园。公园在新中国成立后经历了多次扩园及改造，本次改造工程在2008年启动，现已基本完工，笔者有幸参与了该项目从方案设计到实施的整个过程。

二、总体思路

从接触项目到项目基本完成，我们的设计团队经历了近3年的时间，整个设计与实施是在甲乙双方频繁的沟通中进行的，因此说到项目的总体构思，事实上不是在设计初期的一蹴而就，而是在不断地磨合和调整中形成的。以下是我们对整个项目认识与体会最为深刻的一些要点。

（一）解决改造与新建的矛盾

改造类的项目与新建项目不同，在园林设计的融合与创新方面会出现一些令人掣肘的难点，简单地说就是要恰当处理好拆与建的问题。哪些应该拆，哪些应该建，如果不经过客观的调研，这个度就没标准，设计自然无法下手。因而，此类项目要求我们首先要理解项目现状形成的来由，对已经成型的景观和功能体系进行一个评价，发现问题，有的放矢。

1. 发现问题

以本项目为例，我们在设计初期做了大量的调研工作。大致可分为三个步骤：第一个步骤，即调研公园的整体骨架和空间体系，将现场感受与公园的初始设计相对应，充分解读原规划的设计意图。第二个步骤，深入调研公园的每一个角落，在园林景观形象与功能使用方面进行重点考量，发现问题。第三个步骤，在不同的时段，针对公园的使用效率和效果进行数据统计。以上三个步骤我们前后利用了大约3个月的时间来完成，与方案的推进几乎是同步的。

在方案与调研齐头并进的过程中，我们逐渐发现了现有公园本身所存在的问题，从设计层面，我们分类进行了梳理。首先，在公园的空间体系方面，虽然现有公园也具备完整的山水骨架及场地设施系统，但缺乏对传统山水园林的认识，没有营造出与国花牡丹能够匹配的意境和氛围。笔直而宽大的轴线广场，抽象、几何形态的人工湖，虽然具备游览的基本需求，但无法掩盖空间的乏味，令公园景观失去了韵味。其次，我们在分项的调查中发现，公园的主题植物——牡丹的栽植区域并没有根据牡丹的生长属性和特点来进行设计，牡丹喜阴怕涝，在栽植场地方面需要排水顺畅并尽可能创造半阴的环境，而现有牡丹栽植区却未能创造出利于牡丹生长繁育的环境。园区内的植物景观构架松散，配置简单无序，欠缺季相色彩的变化，除了牡丹开花的一季，基本没有观赏效果，造成各景区既没有特色也未能体现出景观空间的差异性，很多景区虽有其名但无其实。最后，公园在花会期间游人量很大，而花会结束后几乎处于荒置状态，一年下来，真正开放的时间只有 1 个月左右的时间，公园的大部分时间并没有利用起来，无景可观可玩，缺乏人气。公园内的服务设施不成体系，各组建筑的建设年代不同，不仅风格上有差异，在功能使用方面也没有明确定位。造成了花会期间不够用，花会一过又闲置下来的状况。综合评判下来，在这次对牡丹园进行整体提升改造的过程中，将会涉及植被、水体、地

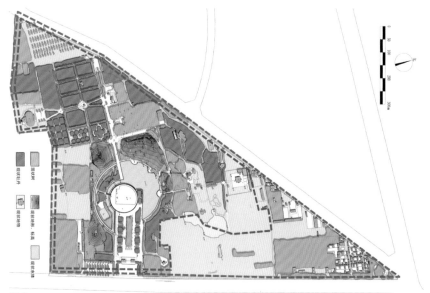

图 1

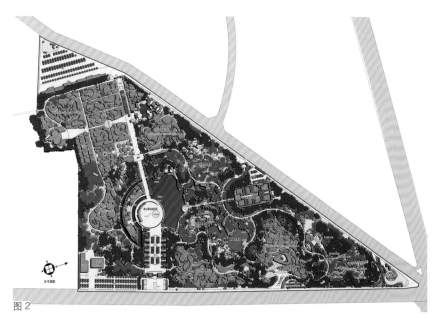

图 2

形、园路场地设施、建筑设施等五大园林要素的综合调整。

2. 协调问题

一个成功的项目改造，不是仅仅从项目设计师和业主的想法出发就能完成的。公园的形成已不是一天两天，像牡丹园这样，在菏泽市民心里她不仅仅是个每年观花的景点，还是城市的标志。大多数市民已经对牡丹园有浓厚的感情，每年观花已是一个传统，也有了固定的游览习惯。因此，对公园的任何一点儿改动，都会影响到游客的惯性游览方式和意念。我们在设计过程中，也广泛调查了市民对公园的认知和认可度，并进行了评级。认可度较高的区域应尽量尊重现状，遵循传统的游览方式及习惯。譬如牡丹园中的十大花型五大花色区，栽植的牡丹在数量和质量上都是园内最好的，是每年花会游览的重点，也是目前最具人气的区域，就需要保留。本次设计的难点也是主要来自于如何将这些必须保留的景区进行改建，并使之与扩建新建的景区相协调，从而形成牡丹园整体的景观风格。再譬如，园区内的景观建筑，有些有明确功能，但建筑风格过于现代，不符合牡丹园的文化气质；有些则是一个空架子，只有个古建的形态，却没有实际的使用功能。我们就需要将这一部分建筑根据本次改造计划进行明确的景观定位和功能定位，根据景观特点和功能特点进行适度的改造和再利用。

园区除牡丹栽植区以外，也有一定的绿化基础，部分区域有片林和大树。在改造设计中，我们尊重这些需要保留的植被来塑造景观空间，我们虽然调整了主湖的水岸形态，但依然保留了原有岸边的垂柳以形成新的水岸天际线；我们塑造的微地形考虑避让现有的片林，让他们成为植被的前景或配景；我们在一些孤植大树的底下开辟林下场地，创造遮阴蔽日的林下休憩空间。这些方法的运用也是为了更好地协调改建与新建的矛盾，让改建成为点睛之笔。

（二）在设计中融入传统文化

牡丹是国粹，是中国古典文化的精华瑰宝。历史上无数的文人墨客咏牡丹、赏牡丹、画牡丹、颂牡丹，牡丹花开是花开富贵的象征，深受老百姓的喜爱。由来千年的牡丹文化也是菏泽城市文化的重要组成部分，也正是因为牡丹，菏泽才成为海内公认的书画之乡。将传统文化融入牡丹园，令游客在赏花观花的过程中还能够醉于其中，是牡丹园品质整体提升的关键因素。我们翻阅了大量的历史资料，将牡丹文化分类整理，抽象汲取了牡丹传说、牡丹

诗画、牡丹工艺等各类素材中的经典，运用到牡丹园各个景点的设计之中，以体现牡丹文化的广博。

1. 山水布局

中国传统园林素以自然山水园著称，园中景物均为自然式布置。在总体的布局中，我们以一条蜿蜒的水系贯穿园区，打破了原有生硬呆板的规则式布局，山环水绕的结构丰富了景观空间的形态，也更利于各功能区设置与围合。我们在设计中利用了公园核心区域的山水雏形来形成公园的湖山观景区，将中央的几何形态水体改为自然式，硬质护砌改为滨水漫坡。原有的主山我们将其加高并在沿湖一面开辟了山石叠水，使整个湖区的景色形成一副亦动亦静、有主有次的立体的水上画卷。与主湖衔接的溪流曲折回转，将景观延伸至周边，将原来零散而分散的各个景区衔接一体，更为灵动而富有生机。已有的公园景区的山水结构仅限于全园的中央区域，大部分的牡丹栽植区域因为没有微地形的起伏显得大而空，并且没能形成良好的园区排水组织。在本次的设计中，我们增加了很多微地形，不仅解决了牡丹的排水问题，还创造出更为丰富的空间，连绵起伏的竖向景观使人们在游览过程中体味到不同的观赏趣味，也为后续的景点设置提供了良好的条件。

2. 步移景异

园林观赏有动观与静观之分。动观为游，妙在步移景异；静观为赏，奇在风景如画。而游赏相间，动静交替则园之景致尽入眼中。要想令游人在游赏过程中充分感受园林意境，游路设计尤为重要，漫步园中，景观应变化不断，既可以慢慢地游，也能静静地赏，其中之奥秘就在园路与自然景致的交融。

牡丹园原有的步行体系以规则式的布局为主，整个公园没有环路设置，主路均为尽端式道路。轴线广场以及主要的观花园路基本都是笔直的，仅有少数园路的布置是自然曲线型。公园的游览方式简单空洞，失去了游览趣味。我们在调查中发现，即使是游园高峰期，大多数游客也可以在2小时之内完成观花活动，这显然与理想状态有不小的差距。在改造设计中，我们将步行空间进行了大幅度调整，一方面，加强景区衔接，规划了一条联系全园的自然形态的主环路，以保证各个景区的通达。另一方面，丰富路网，在各功能区规划了环形或半环的次级园路，以保证各景区内部的游览需求。这些新设计的园路都是围绕新的山水关系来布置，随坡就势，起伏跌宕，游人游览于其中可以产生丰富的空间体验。本次改造设计，我们还增设了很多可停留的场所空间，这些场所是各个景区的主景点，也是依托

图3

图4

图5

图6

图7

图 8　新建景点——国风园

图 9　传统牡丹名画

图 10　景墙浮雕取材牡丹名画

图 11　铺地、小品花砖取材牡
　　　 丹传统图案

图 12　廊架镂饰取材牡丹传统
　　　 图案

图 13　新增的牡丹大田采用了
　　　 自然式栽植方式

图 14　改造后的"十大花型五
　　　 大花色"花田

图 15　新增的组景牡丹栽植

图 16　新增的个体牡丹展示

牡丹文化的挖掘而设立的人文景点。从功能意义上，这些场所的加入，解决了原公园游览中较为欠缺的"赏"，为游人提供了观花之余可以休憩并体味牡丹文化的空间。我们了解到，原公园的游览特色是看大田牡丹，开花时候牡丹花海一望无际，气势磅礴，然而恰恰缺少的就是品牡丹的场所，人们总是在路上游走，没有能够静下心来品赏牡丹个体或了解相关知识的场所，而改造设计中我们很好的补足了这一点，使观花的内容有粗放豪迈也有细致精巧，有动有静，真正实现步移景异。

3. 牡丹文化

牡丹文化于菏泽具有特殊意义，从古至今当地人民积累了一套成熟的牡丹栽植技艺，并且通过嫁接、繁殖，培育了大量的优异品种，享誉海内外。这里的人喜谈牡丹，喜画牡丹，喜写牡丹，民间流传着许多有关牡丹的趣闻、故事。总之，菏泽人民的生活与牡丹密切相关。所以，作为曹州牡丹文化的一个显著特点，即是有其浓郁的乡土色彩。从流传在民间的有关牡丹的传说、故事，到文人墨客关于曹州牡丹的记述、提咏，从中都可以看出菏泽人民的生活习惯、性格特征等。

原牡丹园内的人文景点较少，我们认为，牡丹园应该是曹州牡丹文化的一个缩影，虽然不会面面俱到，但也应该作为牡丹园各景点的点睛之笔。进入牡丹园，除了看到丰富多彩的牡丹品种，也应该感受到浓郁的牡丹文化氛围。在改造过程中我们提出了几条策略，首先，应当充实一些原有观景建筑的文化内涵，令其具备传播和颂扬牡丹文化的意义。比如，已有的观花楼、天香阁等建造精美的古建筑应适当翻修，开展一些与牡丹文化相关的书画展示、演艺等内容。其次，应增加一些人文景点，将牡丹文化各个侧面的精华加以展示。例如，我们新规划的牡丹田是以曹州牡丹古谱进行的品种划分和展示，让游人可以看到真正的曹州原产牡丹的风貌，并能够根据古谱来深入了解牡丹品种背后的故事。再如，我们在扩建区增加的国风园和买卖街，这是古建群落，国风园是按照皇家牡丹观赏特点来布置的园中园，园内栽植传统的皇家观赏品种牡丹，各个建筑空间内部还安排了牡丹药用、刺绣、雕刻、插花等衍生出来的牡丹文化产品展示与互动，使牡丹的观览方式和内容得到了拓展的同时，恰当地体现了牡丹文化的博大精深。买卖街里，游客可以根据自己的喜好挑选牡丹园专属纪念品，丰富了游客游览体验，延伸了游览时长，还为牡丹园起到了品牌文化的宣传效应。最后，在景观小品及场地设施中体现牡丹文化元素，烘托牡丹园的整体文化气氛。

我们在牡丹园的迎宾大道、芍药台地园、牡丹碑林、十二花神主题园等景点中，广泛运用了本土的牡丹雕刻技艺。花台、铺地、景墙等装饰细节都烙上了传统的牡丹纹样，还大量通过碑刻、石刻的形式将名人牡丹诗画加以表达，突出了浓郁的牡丹主题特色及乡土特色。

三、设计要点

（一）牡丹的栽植

牡丹是公园的主题植物，也是展示的主体，原有的牡丹栽植主要分布在主湖西南侧以及东入口区北侧，总占地面积约 138 亩，均为平地栽植，花会期间能够形成齐相开放的花田景观。本次改造中，我们考虑，一、要在保留原有花田的基础上，增加新的花田观赏区，延续大田牡丹的传统观赏模式；二、要丰富牡丹的栽植方式，将牡丹与景石、山体及其他植被花卉协调配置，形成组景牡丹小品，体现牡丹的精致与华贵；三、设置温室，将牡丹栽植在温室中，每逢节日就催花，达到四季均可看牡丹的目标；四、结合建筑景点，点缀盆景牡丹和插花牡丹，体现牡丹的孤赏风采。

1. 大田牡丹

大田牡丹的栽植与观览是菏泽牡丹的最大特点，每年花会期间络绎不绝的游客也大多是为花海而来。牡丹园现有的 2 块牡丹花田已经无法满足节日大规模人群的集中观览，因此，在本次改造设计时，我们增加了 4 块新的牡丹花田，这样不仅缓解了老花田的交通负担，也使得游园的观赏面得以横向拓展。新的花田设计我们充分考虑了牡丹的生长习性，创造出起伏的微地形，让牡丹花海的展示更为立体。原有的西侧牡丹花田包括"十大花型 五大花色"花田以及牡丹品种资源圃花田。新的牡丹花田设计各具特点，在内容上，一方面增加了传统品种和新优品种，另一方面增加了晚花品种，使得牡丹的观赏季能够延长。新设立的牡丹花田包括获奖牡丹大田，国际引种牡丹大田，曹州古谱牡丹大田等。菏泽牡丹在海内外各类博览会中获奖丰厚，获奖牡丹大田收纳了历年国际博览会、园博会、花博会上获奖的品种。国际引种牡丹大田则是专为国际牡丹品种交流提供的场所，日本美国等发达国家对牡丹所繁育的牡丹品种别具特点，我们专门开辟的这个花田也是为了能够收纳这些品种并供游人观赏并促进牡丹品种繁育研究工作的开展。

2.组景牡丹

原有公园的牡丹观赏方式较为单一，大田牡丹在盛开的季节固然壮观，但花期一过，立马丧失观赏效果，尤其在夏末秋初，牡丹的叶子也败落，无景可观。事实上牡丹在与其他花卉配植时也格外妖娆，我们在改造设计中专门提出了若干牡丹组景的模式。一种模式是植物组景，譬如沙地柏＋牡丹＋红瑞木＋黄栌的模式，在牡丹花盛开的时候，前景的沙地柏、背景的红瑞木和黄栌能够很好地衬托牡丹，而在秋季，虽然牡丹凋谢，但背景的黄栌将展现出绚丽的秋色，到了冬季，前景的沙地柏和背景的红瑞木红色的枝条相互衬托，景观别致。再如，红花酢浆草＋葱兰＋矮紫杉＋牡丹的模式，春季牡丹开花，到了牡丹花谢的夏季，红花酢浆草和葱兰盛开，冬季的时候，矮紫杉依然具有观赏效果，由此植物的组景栽植在四季都有观赏面。另一种模式是牡丹与置石、碑刻的组景，牡丹适合与景石组景，游人可以一边观牡丹一边欣赏描述牡丹的美好诗句，增添了品赏牡丹的文化韵味。牡丹的枝态美妙，在冬季，苍劲的虬枝与景石相映成趣，也具有独特的景观效果。

3.四季温室

传统的牡丹观赏季在每年的4月中旬前后，如果天气状况良好，观花期能维持到5月初，如果雨水过多，牡丹的观花期则大大减少，甚至会在1周内就失去了观赏效果。那么怎样拉长牡丹的观赏期是提升公园整体品质的关键。通过调研我们了解到，牡丹的催花技术在菏泽地区已经比较成熟，在设施齐备的情况下，可以保证四季都能开花。于是，我们在改造方案中提出了四季观牡丹的概念，新设计了一个牡丹专类温室。温室里面具备智能的冷热调控设施，全年都能进行催花展示。同时，温室还具备科研、科普功能，一方面，温室肩负了遗传育种的重任；另一方面，可以将牡丹从种芽到生根再到开花的全过程介绍给广大游客。四季温室的设置给牡丹园带来了新的亮点，在十一、元旦等非传统的牡丹观赏季，游客也能够赏花观花。

4.孤赏牡丹

唯有牡丹真国色，牡丹的美大到绚烂繁茂的花海，精以巧夺天工的插花和盆景。为了全面的展示牡丹之美，本次设计中，我们提出要结合公园内的观景建筑提供孤植牡丹的品赏空间。例如新建的国风园中，考虑了插花馆和盆景馆，游客可以在这里欣赏插花牡丹和盆景牡丹，还可以参与其中，体味牡丹孤赏之美。

（二）主题活动策划

本次改造设计针对牡丹园的活动及经营策划进行了深入研究，尤其是非牡丹花期时的公园需要在保证四季景观的基础上提供丰富的季节性活动，为市民提供更好的绿色休闲服务。首先，丰富节日活动，应在全年各大节日及黄金假期提供特色活动，吸引游客。根据各个季节的游览特点和改造后公园景观的特点，我们拟定了一个节日游憩表，使公园能够充分满足全年各个时段的游览需求。其次，根据不同的服务对象，提出有针对性的游览专案，使公园具备的功能更为多元化。

（三）关于细节的设计

牡丹园具有强烈的传统文化色彩，就像前文所提到的，公园除了在山水骨架、植被、园路等宏观的园林要素方面要借鉴传统造园手法，在建筑、小品、场地设施等微观层面也需要在充分满足功能使用的基础上突出牡丹主题，烘托整体文化气氛。

1.建筑设计

本次建筑设计包括改造和新建两部分。公园原有的主要建筑有9处，分别是国花馆、观花楼、天香阁、插花馆、国花门5个观景建筑，1个公园管理处，以及东西北各3个大门。根据实际的使用状况和景观形象情况，除了国花门需要重建以外其他

公园节日活动策划

季节	主题节日	主题活动策划
春	植树节	中小学生踏青、植物科普
	桃花节	春游、赏桃花
	五一假日（牡丹花会）	品赏牡丹花、牡丹诗词、牡丹字画、牡丹演艺、牡丹插花、牡丹盆景、牡丹药用、牡丹刺绣、牡丹雕刻展示
夏	端午假日（戏曲文化节）	地方戏曲、外来戏曲文化交流、演出、票友活动
	七夕（荷花节）	观赏荷花、夜游、夜市、放荷灯
	武术文化节	地方传统武术表演、武术文化交流
秋	国庆假日、中秋假日（秋叶节）	温室观赏秋发牡丹
		观赏秋色叶、中小学生秋游、植物科普
冬	元旦假日、春节假日（庙会、灯会）	新年游园会、观灯

公园游览专案策划

专案划分	活动类型	活动形式	活动时间
牡丹专案	旅游活动	牡丹观赏游	一日
		牡丹文化探索游	一日
		四季牡丹观赏游	半日
科普专案	学校活动	科学探索计划	半日
	公众活动	家庭园艺计划	半日
游憩专案	休闲活动	早春踏青游	半日
		夏日清爽游	一日

建筑我们均提出了改造方案并提出了明确的功能定位。在新建建筑方面，在公园北部新增了观赏温室（四季花厅）水榭和1个大门，公园西大门旁新增了1处买卖街，在公园东大门旁新增了生态餐厅，根据传统制式重建了国花门牌坊。另外，还结合原有的观花楼增加了一组仿古建筑围合形成国风园。在建筑风格方面，设计考虑以清式建筑为主，可以与原有的古建筑风格相统一，也符合牡丹园的传统特点。北侧新开的大门与观赏温室在一条轴线上，为简洁现代的风格。

国风园是建筑围合出来的园中园，园内设计了一池一岛，亭廊水榭沿岸布置并与原有的观花楼相衔接。各个建筑根据演艺、观景、茶饮、小卖、展览等功能分别定位。主体建筑为牡丹演艺大厅占地面积较大，可开展牡丹相关的舞蹈、曲艺演出。牡丹艺坊则以展示功能为主，收集民间的牡丹石刻、木雕、根雕、玉雕、奇石等等；牡丹工坊强调经营性、具有互动功能，可安排民间艺人进行现场牡丹刺绣、插花、陶艺等表演，并让游人参与；牡丹药坊突出的是牡丹根的药用文化展示及制作工艺。改造的观花楼是园内的制高点，也是唯一的双层建筑，设计考虑楼上为茶室，楼下为小卖及牡丹周边的工艺品销售。

牡丹温室占地面积2000m²，分为四季牡丹展示区、牡丹繁育区、科普走廊、休息区，整个温室内部采用GRC防石材料塑造的假山来分割空间，牡丹及其他绿植层植于假山之中，犹如一副展开的立体的牡丹画卷。科普走廊是利用声光电等多媒体技术在假山的山洞中进行牡丹品种的影音演示，人们任何季节来这里都可以全方位的品赏牡丹，了解牡丹相关的科普知识。

2. 小品及场地设计

本次改造的场地及小品设施设计中，我们大量借鉴了取自地方的牡丹图样及相关元素，广泛运用于小品、公园家具之中。重点采用仿古青砖、灰瓦等传统材料设计景墙、廊架、树池、坐凳等功能设施，以体现牡丹文化的厚重、古朴。色彩方面，考虑到衬托牡丹及其他花卉的艳丽，硬质景观控制以灰色调为主。

为了追求景观风格的整体统一，我们将传统的材料及文化元素以现代的工艺和设计手法，运用于简洁明快的空间架构之中。以牡丹传奇景点的设计为例，采用景墙、台地、亭廊围合出展示型室外空间。场地中设计了特色种植池，栽植了大株的名品牡丹，而场地边则布置了若干牡丹传奇故事的介绍石碑，结合景墙还设置了牡丹传奇人物的浮雕，令

图 17

图 18

图 19

图 20

图 21

图 22

图23

图24

图25

图23 十二花神景区内的观景廊架
图24 牡丹传奇园内的观景廊架
图25 十二花神景区内的场地小品

整个景观空间可观、可游、可读、可憩。场地铺装中，我们大量采用了青砖立砌的传统做法，规律的嵌入了牡丹纹石。廊架和亭子的设计则结合了青砖、轻钢、防腐木等材料，大量细节中体现了取自牡丹图谱的传统图案，使整个空间具有浓郁的牡丹文化色彩。同样的手法，我们还设计了牡丹碑林、芍药台等景点，虽然展示内容和围合空间的布局不同，但都贯穿了牡丹文化这条主线。在十二花神景区的设计中，我们取材花神的传说，十二个月十二种花和相对应的十二个人物，根据典故布置了牡丹夕照、丹桂飘香、杏林春晓等十二个观花景点。我们选用了清代画家吴友如所绘制的十二花神谱，以刻碑的形式作为每个观花景点的点题石。其中在牡丹夕照这个景点，我们采用了牡丹台的形式，在台中央栽植了1株园内最大的牡丹，其余的牡丹众星捧月一般围绕在其周边。我们对牡丹台的细部设计也同样运用了万字文、牡丹图等传统图案进行装饰。

3.公园家具设计

公园家具能够最直接的反映和表达一个公园的主题与特点，每一个公园尤其是主题公园，都应该有一套属于自己的公园家具体系。这个体系由导向牌、灯具、果皮箱、音响、坐凳、围墙等功能性设施组成。改造前的牡丹园，没有一套完整的公园家具体系，每种家具即没有统一的风格，也没有统一的标识，无法与牡丹园的风格融合。在本次设计中，特别注重了对公园家具体系的设计，在设计之初我们提取了一个白描牡丹的简化图案，将图案作为一个代表性LOGO，运用在每一种类型的公园家具之中。在家具的材料方面，我们选择了金属材料为主体，能够保证家具的坚固与耐久。作为牡丹园内的家具，既不失传统还应当简洁实用，因此我们延续了对小品设施设计中的理念和特色，保持了风格上的统一并体现了牡丹主题。

四、设计结语

本项目现已基本完成，从规划设计到实施经历了反复的推敲与磨合，笔者也积累了一些体会和经验与大家分享。首先，对于一个植物专类公园，我们应该充分了解和掌握主题植物的品种分类、生长习性、观赏特点。譬如牡丹，它喜欢在排水良好的环境下生长，我们就应考虑将其栽植在坡地，排水顺畅的区域；它在花期喜欢半遮阴的日照条件，我

们就要适当增加荫棚面积；它适合疏松透气的土壤，我们就需要防止栽植后土壤的板结，适当增加沙质的客土。只有保证了主题植物良好的生长状态，才能保证公园整体的观赏效果，并为其相关的科研和繁育打下基础。其次，我们要根据主题植物的观赏特点及文化特点来进行总体布局和功能分区。牡丹是民间公认的中国国花，牡丹园就是国花园，牡丹文化千年传承。因此，围绕牡丹主题设计的公园应当汲取传统园林的精髓。而设计最终表达出来的景观空间不是简单复古和罗列，而是结合传统的创新，要塑造通古传神的意境并提供丰富的观览方式，群赏、孤赏、游赏、静赏，都需要相应的空间来与之呼应。再者，对于改造项目而言，一定要有充分的改造理由和依据才能下手，改造与新建在景观上的融合是难点也是最重要的，既不能完全当作一张白纸来设计也不能拘泥于现状，没有创新。总而言之，一个成功的作品需要多方面的调研与思考，也需要我们设计人员倾注热血与激情，衷心希望越来越多优秀的设计作品能够涌现出来，愿祖国的园林事业发展蒸蒸日上。

参考文献

[1] 孙筱祥编著.园林艺术及园林设计.第1版.北京：中国建筑工业出版社,2011.

[2] 周维全著.中国古典园林史.第3版.北京：清华大学出版社,2008.

[3] （明）计成原著.园冶注释.第1版.北京：中国建筑工业出版社,1988.

[4] 彭一刚著.中国古典园林分析.第1版.北京：中国建筑工业出版社,1986.

项目位置：山东省菏泽市

项目总面积：73万m²

项目建设单位：山东省菏泽市规划局
　　　　　　　山东省菏泽市城市管理局

项目设计人员：李雷　许健宇　赵铁楠　周同
　　　　　　　姜悦　封朋　施瑞珊　冯炜炜
　　　　　　　吴敬涛　楮曼　张媛媛　张莉
　　　　　　　李铭　石丽平　朱京山　马亚培

项目设计时间：2008年12月至2011年2月

项目竣工时间：2011年5月

项目演讲人：许健宇

咸阳市植物园（植物研究所）规划设计方案

西安市古建园林设计研究院／魏晓英　李　娜　李　玲　骆　蕾　杨新宁

一、区位分析

该地块位于咸阳市西南部，东临渭河，北靠西宝高速公路，西接高科一路，所在区域规划道路建设完成后，交通便利。西北部有污水处理厂一座，与地块只有一路之隔，地块内部绿化用水可以就近利用污水厂产生的中水，节能环保。

二、总体设计说明

（一）设计依据

《咸阳市城市总体规划（2010-2020）》；《公园设计规范（1993年）》；地块规划图相关资料；国家相关的规范、规定。

（二）设计原则

1. 因地制宜：充分利用原有地形地貌。

2. 植物、游览及小品设计：植物配置做到以植物为本，为其提供良好的生长环境；服务、游览等设施的设计"以人为本"，做到实用、美观、经济。景观小品（花架、坐凳、亭廊、雕塑等）的设置做到生活化、趣味化、人性化、艺术化。

3. 景观设计：为加强园内的观赏效果，在各园区用常绿树和高大乔木形成园林植物景观的骨架，重点景区点缀其他花灌木和草花，以提高园区的艺术外貌。

4. 人文理念：充分挖掘植物的文化内涵和当地的人文历史，使其体现于景点、雕塑、铺装、建筑、景名等。

5. 科技内涵：从管理模式、展示形式等多方面体现科技水平和科技含量。

6. 管理模式：充分考虑植物园的可持续发展，

规划后备用地引种驯化区。

（三）指导思想

1. 突出植被特点，创造恢宏、自然、景观突出的绿色空间。

2. 以植物为表现主题，创造景观各异，特色突出的主题空间。

3. 以中国传统的山水造园理念进行地形水体设计，从而创造出森林、溪流、湖泊、湿地等不同的自然空间及自然景观类型。

（四）设计理念

1. 充分体现植物园（植物研究所）作为植物王国和植物研究胜地的特质，突出以植物为主体的思想，建筑设计依附于植物、服务于植物。

图1

图2

图1　区位图
图2　总体鸟瞰图

2. 在植物园原有的保护、科研、科普等功能的基础上，进一步挖掘旅游的潜质。

3. 发展和寻找自然与景观、自然和人文之间的内在联系，勾画出能够反映当地自然人文景观特质、又具有时代潮流的，属于咸阳地区标志性的植物园（植物研究所）。

4. 在整体规划和景观设计上具有视觉上的冲击力。

（五）设计构思

1. 整个园区的规划布局遵从咸阳地区的地形特点，将咸阳一带地形微缩于园中，体现地域特色。将山体与水体分别分布于园区南北两侧并贯穿始末，体现"渭水川南，宗山艮北，山水俱阳，故名咸阳"的地形特色。如此，将原本平坦的地形做出高低起伏变化，丰富立面景观效果，增加游园趣味，形成独特的景观序列。

2. 引入"园中园"的概念，在大的园区之中加入各色小型主题园区。每个小园区都各自独立又自成特色，并且将小园区归类，使人们在游园过程中产生连贯性与跳跃性，给人以"柳暗花明又一村"的观感，随之带来与众不同的游览体验。

（六）空间组织分析

空间组织基本结构主要以游览环路为框架，贯穿山水、林岛之中，在其沿线组织不同的专类园区，在山与水的互相交错、林与岛的融合中，创造出"虽为人做，宛自天开"的自然空间形态。

三、功能设计分区

入口广场区：主入口广场区，次入口广场区。
配套服务区：茶社、餐饮，服务用房。
科研展示区：科普展览馆，植物引种驯化区。
花卉展示区：露地花卉展示区，四季馆。

四、其他设计元素

（一）水体设计

设计地块位于渭河之滨，西北角规划有污水处理厂一处，园区水系用水采用污水厂中水。因植物园整体呈狭长的长方形地块，南北宽仅为360m左右，因此在水体设计时，将水系东西贯穿，水体设计面积为56.1亩，在入口处设计为大片的水面，

其余段均采用溪流的方式贯穿整个植物园，使得有限的水面最大限度的丰富园区景观，真山真水的结合给植物园注入一股自然的灵气。

（二）竖向设计

1. 充分利用自然地形，减少土方工程量。
2. 有效地组织地面排水，控制道路坡度。
3. 保证良好的排水，力求使设计地形和坡度适合相关要求。

（三）水系分析

设计项目水系水源从园区西北角污水厂中水引入。

（四）道路分析

园区内道路分为四级，其中一级道路为生产通道、二级道路为园区内消防通道及电瓶车游览路线，三、四级道路为步行游览路线。

（五）游览路线分析

在园区西部设立一个主出入口，东部设立一个次出入口，两个出入口处分别设有生态式停车场。主要出入口设置在距离咸阳城区较近的西端，方便游园人群。而停车场的设计更是与周边环境融为一体。沿河道、山体、建筑设计有贯通园区的游览路线，使游客可轻松到达植物园（植物研究所）的每一个园区。同时，园区还设置有观光游览车及残疾人通道等设施，更方便有需要的游客游览。

五、植物配置分区

（一）分类园1（造型植物园）

园林植物造型是植物栽培技术和园林艺术的巧妙结合，也是利用植物进行造园的一种独特手法。小至低矮的草本植物，大至数米高的大树，它们都可以用来造型，观赏价值很高。

（二）分类园2（芳香植物园）

引种秦巴山区及国内外具有一定经济价值和观赏价值的芳香植物，百余种芳香植物分区栽植。植物配置突出三季有花、四季常青的效果，使园内终年香气袭人。本园主要栽植的芳香植物有：玉兰、桂花、玫瑰、广玉兰、月桂、丁香、结香、蜡梅、薰衣草、薄荷、芸香等。

（三）分类园3（蔬果园）

本园除了体现各色蔬菜以及果树外，更加侧重有机技术的展示，体现生态农业的理念。

本园选择一些具有代表性的蔬菜以及果树：

- 蔬菜类：大白菜、芹菜、辣椒、大葱、大蒜等。
- 果树类：苹果、梨、大枣、柿子、葡萄等。

（四）分类园4（百竹园、沙生植物园）：

1.百竹园

竹类植物根据地下茎的生长情况可分为三种生态型，即单轴散生型、合轴丛生型、复轴混合型。竹类的种类繁多，我国有500余种，大多可供庭园观赏。常见栽培观赏竹有：散生型的紫竹、毛竹、刚竹、桂竹、方竹等；丛生型的佛肚竹、孝顺竹等；混生型的箬竹、茶杆竹等。

2.沙生植物园

沙生植物由于长期生活在风沙大、雨水少、冷热多变的气候条件下，练就了适应艰苦环境的本领，形态各异。

主要品种有：仙人掌、红沙、红柳、霸王、柏宁条等特色植物。

（五）分类园5（类别植物园）

本园植物是以栎树植物、杉类植物、景天科植物、宿根类植物、蔷薇科植物等，体现专门科属植物的种类及景观的专类植物区。

（六）分类园6（树木分类园）

本园主要以秦岭植物为骨干树种，西侧为裸子植物区，东侧从双子叶植物到单子叶植物，从木本植物到草本植物，显示自然界高等植物的进化过程。

（七）水生植物区

该区收集水生植物300余种，按其生态习性可划分为挺水、浮水、沉水植物，分区栽植。挺水植物主要有：荷花、芦苇、慈姑、荻、香蒲、水葱、荸荠、黄花鸢尾、千屈菜、水芹菜、水蓼等；浮水植物主要有：睡莲、热带睡莲、王莲、芡实、荇菜、萍蓬草、水葫芦、雨久花、菱角等；沉水植物有：菹草、黑藻、金鱼藻等。

（八）百花园

以引种优良的园林观赏花卉和秦巴山区的野生花卉为主，驯化保存各种花卉近千种（含品种）。花卉栽培采用时令花卉进行模纹花坛式布局，力求

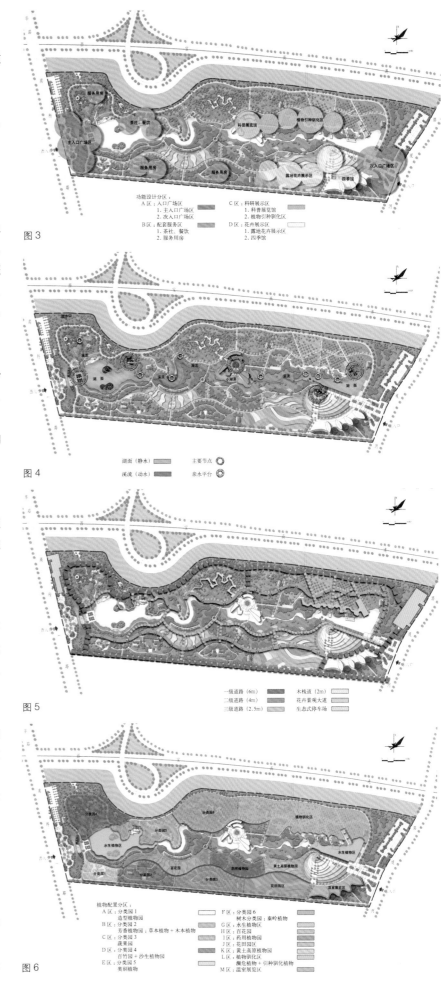

图3

图4

图5

图6

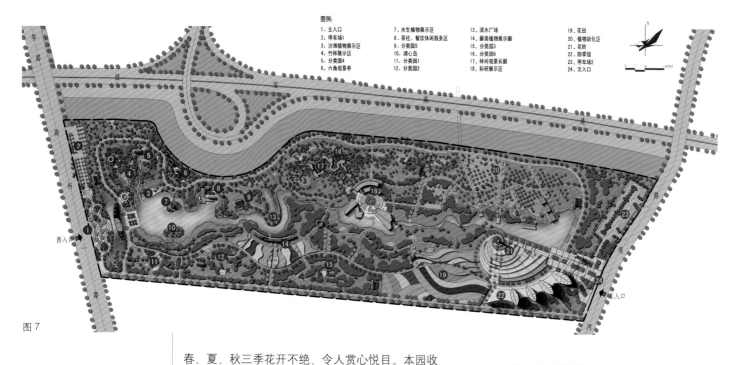

图例：
1、主入口
2、停车场
3、沙滩植物展示区
4、竹林展本区
5、分类园4
6、六角观景亭

7、水生植物展示区
8、茶社、餐饮休闲服务区
9、分类园5
10、湖心岛
11、分类园1
12、分类园2

13、滨水广场
14、藤类植物展示廊
15、分类园3
16、分类园6
17、林间观景长廊
18、科研展示区

19、花田
20、植物驯化区
21、花阶
22、四季馆
23、停车场2
24、次入口

图7

春、夏、秋三季花开不绝，令人赏心悦目。本园收集郁金香200余种，牡丹100余种，芍药80余种，大花萱草60余种，另有其他草本花卉500余种。

北方地区藤本植物主要有：紫藤、大花铁线莲、地锦、扶芳藤、大叶马兜铃、三叶木通、蝙蝠葛、藤本月季、辣蓼铁线莲、大叶铁线莲、葛藤、五味子、凌霄花、金银花、台尔曼忍冬、南蛇藤、葡萄、乌头叶蛇葡萄、牵牛花、山荞麦等。

（九）药用植物园

以引种秦巴山区及国内外药用植物为主，根据植物所含的有效化学成分以及用途分区栽植。引种栽培的主要药用植物有：杜仲、黄檗、山茱萸、吴茱萸、榴木、喜树、枸杞、十大功劳、金银花、何首乌、五味子、云实、桔梗、乌头、当归、丹参、半夏、紫苏、白苏、薏苡、地肤、甘草、百部、半夏、独角莲等。药用植物400余种，为保存与开发药用植物资源提供资料和种苗，并向游人普及药用植物知识。

（十）花田园区

园区运用色彩鲜艳的花卉，采用几何形的构图方式进行栽植，使花田区域形成对比强烈、绚丽多彩的观赏空间。

植物选择方面注重季节性，以达到三季有花的目的。

春季花卉：杜鹃花、迎春花、栀子花、绣球花等。

夏季花卉：牵牛花、美人蕉、鸡冠花、向日葵、郁金香等。

秋季花卉：菊花、山茶花、天堂鸟等。

（十一）黄土高原植物园

根据地理类型，具有比较明显的环境特征和植被特色。

植物选择黄土高原特有植物，例如胡杨、臭柏、杜松、旱柳、沙棘等植物以及水土保持的草本植物，体现广袤的黄土高原风光。

（十二）植物驯化区

本园区是学生实习、普及植物知识的良好园地。按照分类系统排序，展示了植物进化和演替的途径。本区主要包括抗污染植物、濒危植物保护，植物驯化等几个内容。园区各类植物多达1000余种，同时收集了国家重点保护的稀有濒危植物以及陕西省保护的相关植物。

（十三）温室展览区

热带、亚热带植物展览温室，是为弥补大陆性气候的不足，专门为一些怕冷的南方植物建造的家园。展览温室共分高温展览室、中温展览室及低温展览室，收集保存植物600余种。有菩提树、棕竹、蒲葵、刺桐、榕树、橄榄、槟榔、鹤望兰以及多肉、多浆植物展示。

六、节点设计

（一）节点设计一（主入口区）

主入口区设计包括公园入口广场、售票处、停车场、游客咨询室以及电瓶车停靠点等。

入口广场设计强调其作为公园大门的易识别性、标志性。因此，设计时寻求简洁、大方，又不失磅礴的气势，将拱形元素贯穿其中。在入口广场设计时，以自然的形式构成图案，运用树阵营造出林荫广场，不仅丰富入口广场的层次，同时打造出植物园特有的风格。

（二）节点设计二（景观观赏区）

本区域在制高点处设计观景亭，可以让游人观赏到无尽的美景。绿化配置注意与景观特色的结合，选择相应的树种及配置方式，合理安排乔、灌木及地被植物。绿化栽植方式运用自然式栽植，以常绿树种为主，以落叶树种、色叶树种为补充，创造丰富的植物景观特色。

（三）节点设计三（配套服务区）

茶社、餐饮休闲服务区是以四合院的形式将建筑进行组合，提供一处休闲、娱乐的小空间环境。

该服务区紧邻水边，并有小岛在周围环绕，在植物的掩映中设置几处简单的服务用房，为冷饮销售、小卖店以及餐厅、休息点提供场所。

（四）节点设计四（林间观景区）

该区域设计的林间观景长廊，主要是乡土乔木的植物展示区，游客在高低起伏的长廊中穿行，仿佛在这大森林中，自由的呼吸，尽情抒发无尽的情怀。

（五）节点设计五（科研展示及植物驯化区）

科研展示区主要为科研人员提供研究基地及办公场所，通过视频、图片等声、光、电载体，向游人提供了解、熟悉不同地区、不同种类的植物科普知识。

图 8

该区建筑主要采用较为现代的、简洁的钢结构建筑，其结合垂直绿化设计，将整个科研展示区打造成富有强烈现代感与绿色生态感的和谐、统一的景观区域。

植物驯化区紧邻科研展示区，便于科研人员就近实施植物驯化工作，本区路网上设计成简洁的直线，运用道路将驯化区分割成大小不同的地块，便于不同种类植物进行分类。不同地块采用喷、浇灌及滴灌设计，便于工作人员进行科研工作，同时也向游人展示现代化、科技化种植的知识。

图 9

图 10

（六）节点设计六（次入口区）

次入口区包括入口广场、售票处、停车场、游客咨询室以及电瓶车停靠点等。次入口功能上区别于主入口，主入口主要是为游人进入植物园，而次入口是为部分游人出入以及部分园区车辆出入的综合性入口。

四季馆位于次入口区域，主要功能是以花卉类植物的培育、展示及销售为主。植物园在运营后期，需要投入大量的人力及财力，仅靠游人观赏的门票收入可能无法完全满足后期运营需求。在植物园设计时我们提倡以园养园的理念，花卉类植物培育及展销区既可对外作展示花卉类植物作用，又可作为园区收入的来源之一。

图 11

图 12

图 13

项目组成员名单
项目负责人：周勤劳
项目参加人：周勤劳　魏晓英　李　娜　李　玲　骆　蕾
　　　　　　杨新宁　付真妮　叶志敏　赵　茹
项目撰稿人：魏晓英　李　娜　李　玲　骆　蕾　杨新宁
项目演讲人：李　娜

郊野生态型公园的塑造

——上海最大郊野公园顾村公园（二期）规划设计

上海市园林设计院有限公司／任梦非

顾村公园二期的建设启动于 2008 年下半年，现在已进入施工阶段。在 5 年时间里，项目建设经历了筹备、规划、报批、评审、设计、施工等诸多阶段。我们尝试从规划设计这一领域阐述该项目在"郊野公园塑造"方面的研究和探索。

一、基本情况

（一）项目背景

上海市生态专项建设工程项目于 1995 年开始建设，该工程建设以生态为核心，以近自然林地、生态水系、湿地、田园风光等要素构成的具有生

设计红线范围面积
(S=233ha)

已建成 100m 外环林带面积
(S=11.7ha)

图 1

总体用地经济指标表

序号	名称		面积（m²）	比例（%）
1	用地总面积		2330000	100
2	道路、广场		196745	8.44
3	绿地面积	绿化	1838705	78.91
		水体	260164	11.17
4	建筑占地面积		34386	1.48
5	纳入本工程的建筑面积		12509	——

态防护、景观观赏、休闲健身、民间文化、公共服务、防灾避难等多功能的城市公共绿地。按照外环环城绿带的形态和功能分为生态防护绿地和生态休憩绿地。

顾村公园是上海外环生态休憩绿地体系中的重要节点绿地，是上海最重要的绿色生态核心区之一，也是上海市生态专项建设的主体工程。基地位于上海市的西北部的宝山区，宝山区是上海经济文化向北扩展的重要区域，因而项目建成以后不仅将是本区居民文化休闲的重要场所，也将是上海主城区及周边地区人群周末或短期出游的选择地。顾村公园分为两部分，浏中河（中心河）以东为公园一期范围，占地 165hm²，现已竣工并于 2010 年 4 月开园。浏中河以西部分为二期范围，规划用地面积为 233hm²。因此顾村公园总面积达 400hm²。据称目前是国内乃至亚洲较大的城市郊野公园。

（二）项目概况

顾村公园二期目前主要为苗圃和农田，有一些村庄农舍。场地基本平坦，平均场地标高为 4.2m（吴淞高程）。有几条水系穿过基地由北向南、由西向东流向；常水位控制在 2.7m。规划改造的悦林大道（原陈富路）由东向西穿过基地直至陈广路，从内部连接顾村公园的一期和二期。浏中河（中心河）是一期和二期的分界线，悦林大道跨越浏中河（中心河）的桥已经建成。公园南部 S20 城市快速路的防护绿地 11.7hm² 已经建成，宽度约为 100m。

顾村公园二期的建设范围是浏中河（中心河）以西，S20 以西、以北，陈广路以东，南北用地范围在菊联路与蕴藻浜之间较不规则的范围，设计范围 233hm²，其中休憩绿地占 164.00hm²，城市快速路和高架道路及两侧的防护绿地为 69.00hm² 用地。

（三）对本项目《规划编制基本要求》的解读

• 顾村公园定位为郊野森林公园，围绕这一主题进行设计，因地制宜，挖掘二期自身优势，形成独特风格和特色。

• 顾村公园二期设计上，需与一期做好衔接、过渡，在功能上形成互补。

• 绿地率（含水体面积）不得小于95%，水体面积在不低于现状水面率的前提下，原则控制在总用地的12%以内，道路广场及停车场等占地比例原则上控制在总用地的4%以内。

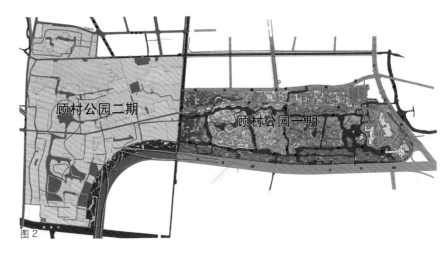

图2

二、设计理念——"制约与创新"

规划设计从"制约与创新"这一设计理念出发，不仅着眼于对基地的生态保护，同时对制约本项目的诸多不利因素进行了分析研究，通过"因地制宜"和"三位一弧"的设计手法，完成了公园的总体设计。以下着重阐述"三位一弧"的设计手法。

该项目基地现状主要由苗圃、农田和工厂组成，但它作为上海市外环林带西北部的重要环节，规划有多条城市快速干道及市政公用设施穿越和渗入其中，将基地分隔成支离破碎的几块。同时，斜穿基地的S7高架道路也由于受建设周期、资金等因素影响，高架走向发生了重大变化。

图3　　S7高架路移位前　　　　　　S7高架路移位后

三、设计定位、设计原则

（一）总体定位

公园总体定位为郊野森林公园。整个基地被市政道路（含高速公路）和市政河道分成若干块，在严格遵照《上海市生态专项工程建设指导性意见及图则》中防护绿地和休憩绿地的规定下把整个公园规划成"宏观层面上的大公园，中观层面上的中型公园聚合体，微观层面上的宜人绿地空间组合"。

1. 从城市规划的高度入手

公园以多主体分区域形式规划，组织游客以多方向进入园区。这样既减少特大公园对城市交通的压力，又可把游客直接引入公园的各个功能区块，便于加强公园与城市的人流、车流、物流及生活方式的联系，使公园真正融入市民生活。

2. 融入城市绿色网络，不断生长和扩展

与建成的外环线林地及北侧规划居住区的中心绿地、道路带状绿地等将连成一个巨大的绿色体系，减弱城市热岛效应，丰富绿地内的生物通道。

3. 完善服务功能，与城市综合防灾体系结合

以前瞻性的高度在绿地设计的同时就留足为城市服务的空间，满足城市防灾减灾的要求；同时多样完善的服务功能也可为绿地的后续发展储备足够的活力。

4. 设计的三大层面

宏观层面——展现宝山乃至上海地区的地方风貌——大地近自然生态景观、艺术（整体景观风貌特征）

中观层面——叙述各功能分区的景观风貌——多元的碰撞、融合（主视觉景观界面）

微观层面——具体体现各景点的景观要素——个性鲜明的标识（特色景观标志物）

（二）设计原则

设计上贯彻"结合基地的现状，呼应已建成一期景观风貌，以生态建设为魂"的原则，符合宝山地区的整体风貌，力求塑造既有鲜明个性，又有文化内涵，令人耳目一新的集现代与传统、艺术与自然为一体的景观形象。

1. 生态优先原则——充分尊重、合理利用基地的原有自然条件，以免未来建设可能导致的生态

图1　顾村公园二期设计范围图
图2　顾村公园一期与二期的区位联系图
图3　S7高架路移位前后对比图

破坏，营造绿色生态空间，尽可能利用基地现有植物和水网，在利用现状生态条件的基础上提升基地生态网络质量，从而实现生态恢复和生态建设。尽可能地减少市政交通对公园的消极影响，强调公园的完整性。

2. 人本性原则——通过对功能完善来体现基地内各项功能定位清晰合理，交通组织合理，游客活动丰富便捷。保证各项活动功能的公益性、参与性，使每个人拥有自由享受景观空间的权利，同时在设计中保证使用者的舒适、方便和愉悦。

3. 人文性原则——整合利用现有植被、水系、田园、路网，选用当地物种，延续江南水乡肌理的地域乡土特色。充分展现宝山地区自身历史、文化、艺术底蕴、地域特色，建设赋有历史特性、文化特质、时代特征及生活特色的生态景观。

4. 可操作性原则——设计的理念与方向符合功能要求。

（三）创新型设计思维

详见图4内容。

四、创新型总体及分区布局

（一）总体布局

"一弧两带三片十区"

基地由于规划S6、S7高架的分隔，将整个地块划分成东西南北四个地块，从平面构成上，要求突出高架道路与公园绿地的空间联系、层次关系，从常规的平面视觉观赏到目前的平面与立体相结合的复层景观，提高了观赏、审美情趣。同时结合基地现状生态基底和规划差异性的要求，设计上做到景观系统重点突出、差异化、弹性设计，重点体现"一弧两带三片十区"的总体结构，公园二期与系统在

空间格局、交通、绿地、水系统整体串联的前提下，突出二期景观的"景观弧"、"中心湖"、"生态片区"等一系列标识性新景观，强化特色，具体如下：

一弧——一条约1500m长，宽度为30～60m的特色景观弧标志性生态廊道

两带——规划S6、S7高架两侧宽度为100～200m的生态防护林带

三片——悦林湖森林水景片区、休闲活动片区、森林拓展片区

十区——悦林湖景区、中心码头景区、森林草甸区、水上森林景区、康健活动区、青少年活动园区、花木与园艺展示区、休闲活动区、森林拓展区、奇石园区

（二）分区布局

1. 悦林大道公园景观发展轴

连接顾村公园一期和二期的主要通道，多条二期景观主园路与其相交，形成交通中转、景观点转换的重要轴线。根据远期控制要求，悦林大道在景观性、功能性、生态性方面作后续弹性、动态补充设计，凸现该景观轴的核心作用。

2. 景观弧林荫大道

该大道是二期范围内最重要的景观大道，东起悦林大道东段，西至悦林大道西段，形成的道路弧线将整个悦林湖森林水景区囊括其中，拥有良好的景观视野，丰富的色彩变化，便捷的人流疏散组织。道路采用2+0.5+3.5m的模式，其中设置2m塑胶步道，0.5m绿化隔离带和3.5m黑色沥青通道，最大限度地满足了游客行走在林荫大道上的活动功能体验要求。

3. 悦林湖森林水景片区

该片区范围内包括亲水台地区、水上森林区、中心码头区，以及一个面积达11.5hm²的悦林湖，设置水上码头及茶室、滨水草阶平台、湖心生态广

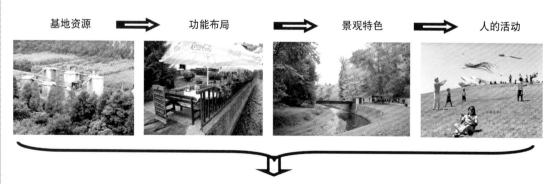

基地资源 ➡ 功能布局 ➡ 景观特色 ➡ 人的活动

顾村公园二期总体规划

图4 设计思维　　　　图4

场、水上森林、菖蒲湾、观景台、亲水步道等景观元素，形成了山水相连、水天一色的滨水景观风貌。大湖面的营造为丰富的水上活动和宽广的观演视角提供了广阔的场地空间。

4. 休闲活动区

森林农庄是提供游客体验各种农业活动、增加农业知识为目的的园区，包括果实采摘、品尝等活动，果树结果时间贯穿从初夏到深秋。另外还有各种木本蔬菜的种植；建造超过100亩的中草药百草园和中医保健的养身园，详细的种植内容详见绿化设计部分。结合部分用于展示本地传统的乡土农舍，体现顾村当地文化特色。

5. 森林拓展区

一处环水的岛上建成大片的蜡梅林形成有特色的冬季景色。蜡梅岛的周围水域北岸设为垂钓区，结合垂钓区设置野餐烧烤区。在蜡梅岛水域西南岸区域，周围的林地用于发展森林拓展活动，如定向运动、山地自行车越野和集体团队活动。

五、道路交通设计

(一) 外围交通

基地东临沪太路，南临S20，北接新建的镜泊湖路与规划菊联路，西至陈广路，具备较好的外部交通条件，随着时间的推移，将日渐完善。

1. 市政道路

沪太路是顾村公园连接市区的最主要的地面道路。从沪太路通过新建的镜泊湖路连接到公园二期的东入口。

镜泊湖路是东西方向的道路，顾村公园一期的大部分出入口都开在镜泊湖路上。镜泊湖路连接另外两条主要南北道路：陆翔路和规划联杨路，同时，镜泊湖路与下穿的规划长白山路相连接。

陆翔路和规划联杨路是两条平行的、穿越S20道路的南北向主要道路。陆翔路在顾村公园一期悦林大道以南范围内，上行跨过S20道路，与镜泊湖路平交；规划联杨路与镜泊湖路平交，在顾村公园二期范围镜泊湖路以南下行穿过S20道路。

陈广路是公园二期的西侧边界道路，现状宽约7m，为公园西部的主要道路，结合规划，公园西入口与陈广路相连接。

2. 轨道交通

轨道七号线南北向连接顾村公园和上海市区，车站设在镜泊湖路和陆翔路路口。轨道七号线向北延伸至美兰湖，现已通车。

3. 城市快速路

已建的S20快速路在顾村公园南面穿过，在二期东南侧与S6、S7快速路形成大型高架互通立交，S6、S7分别向西和西北方向以高架的方式穿过顾村公园二期的地界，将公园分成大小不同的地块，对整体绿化景观造成一定的影响。

(二) 园内交通

1. 出入口设置

顾村公园二期设置了两个主要出入口，还有若干个次要出入口。

东入口为公园二期的主要出入口，位于联杨路的西侧，距离镜泊湖路130m，是最主要的入园通道，二期主入口到轨道七号线站点的距离约1500m。西入口为公园的次入口，位于陈广路的东侧。

2. 停车场

根据《建筑工程交通设计及停车库（场）设置标准》(DGJ08-7-2006 J10716-2006)布置停车场，按照靠近各个出入口，各方向游客量的大小分配停车场面积。停车场设置为绿化带分隔，并有大树遮阴。

六、水系设计

(一) 水系现状

基地北侧有东西向的沙浦河，基地的南侧有蕴藻浜，浏中河（中心河）从公园中部自北向南穿过，基地的东侧有荻泾。基地范围内现状水系发达，南北向的还有井亭浜、卢泾等河道，还有众多的湖泊水面。蕴东闸位于基地的南侧，是重要的排水口门。目前基地的雨水自流入河。大部分河道水质尚好，河道两侧的植物已形成一定规模，部分河道内的水生植物长势良好，形成较好的自然景观。

(二) 园区内水系设计总体构成

结合公园造景和通船需求，优化现有水系布局，充分发挥好河湖水系的引水、排水、蓄水、景观、生态等综合功能，有利于公园排水安全以及景观生态建设。

外部：基地北侧有东西向的沙浦河，基地的南侧有蕴藻浜，浏中河（中心河）自北向南穿过，基地的东侧是浏中河（中心河），以上河道均为市政引排河道。

内部：基地内部多利用现状水系，并适量开挖河、湖，沟通内部水系，采用点、线、面的设计手法，通过系统设计形成园内相对独立的水系统，并通过泵闸、箱涵与外部水系相隔离，园内水系总面积约为 29.3hm²，占全园的 11.98%。在地块的中心区域，临近东入口的范围，通过人工开挖、梳理形成约 12hm² 的悦林湖的中心湖面，湖面最大宽度达 600m，区域为整个公园的重点景观区，一系列的沿湖景观、设施、空间等线性展开，有序、有规模的变化，形成具有标识性又与一期相互补的特色区域，同时在突显的景观过程中，通过土方开挖最大限度达到区域土方平衡的目标。在公园水系引排功能的要求下，井亭浜、卢泾为公园二期引排河道，其他均为连通河道。

在设计中，根据《宝山区顾村公园河湖水系专业规划》上的水系规划控制要求，对公园内不同类型的河道做了针对性控制设计，具体如下：

公园内有船只通行要求的河道：除水系上的要求外，根据船型及通航要求，河底高程为 0.50，河底宽为 6.0~8.0m，常水位 2.70m 处水面宽度为 16.0~20.0m。

公园内其他河道：河底高程为 0.50，河底宽度达到 2.0~4.0m，常水位 2.70 处水面宽度为 10.0~16.0m。

（三）驳岸形式

依照公园内整体设计风格要求，为体现"自然、野趣、生态"的特征，公园内河道区域驳岸以自然生态护岸为主，结合水体、种植湿生植物，形成"大线条、大尺度、大块面"的群落特色；在观景亲水平台及滨水游步道、码头、广场等临水区域采用垂直混凝土驳岸或石驳岸形式，满足户外休憩、体验的功能要求。在本次设计图中，岸线为 2.70m 常水位标高（吴淞高程），垂直驳岸或石驳岸标高控制在 3.60~4.00m（吴淞高程）。

七、绿化设计

（一）绿化设计原则

- 凸显野趣自然，形成人、动物、植物和谐共存的生态环境。
- 与顾村一期既有联系又突出自有特色。
- 保护和利用原有的植物资源，形成二期绿化景观。
- 营造低成本建设和生态养护体系的城镇近自然绿地。

（二）绿化景观分区

1. "景观弧"——林荫大道区

- 高大、荫浓、落叶、冠整齐、开花色叶为主。
- 开花色叶类乔木首选。
- 在世界著名的行道树中结合以乡土树种进行选择。
- 要结合近、远期的效果。（设计、施工、养护要配合好）。
- 要结合场地条件，在节点处，在道路交叉处适量种植一些常绿树。
- 四季百花园区、康健活动区主要选择七叶树、杂交马褂木为主要行道树；生活休闲区、湖畔风景林区主要选择银杏为主要行道树。

2. 四季百花区（核心景观区）

本区域为四季百花园区，位于中心湖北岸及中心湖东南片区，绿化面积约为 36.2hm²。大面积的渲染，强烈感染力的植物景观。以常绿、落叶阔叶乔木搭配大面积观花植物为主要种植形式，悦林大道以北根据不同植物种植特点分为：花洲大道、缤纷花阶、连绵花滩。种植特色：以 5 月、7 月、10 月等主要观花季节开花的植物为主。以花境、花海等平面布置形式，突出四季百花园的核心主题。悦林大道以南根据植物景观特色分为精品双梅园以及春花乔木林。种植特色：从冬花景观过渡到早春开花景观，同时形成整个中心湖景观的背景。

3. 休闲活动区

本区域为休闲活动区，绿化面积约 18hm²，主要包含了西入口绿化、花田、珍稀药草园、观赏草园、观赏树干区、观赏果园、植物迷宫、背景秋色叶林带等等绿化内容。休闲活动区乔木初植密度以 3 年生长枝条不互相重叠为原则，初始郁闭度为 0.4。林带内大乔木 14m²/ 株，小乔木和特色果树类 6m²/ 株的种植间距。在此区域内落叶乔木与常绿乔木比为 7 : 1，一般规格乔木与大规格乔木比为 2 : 1，其中，一般规格乔木为胸径 8~10cm，大规格乔木如香樟、榉树、银杏为胸径 15cm 左右（开花小乔木和果树类不计入此比例中）。

4. 湖畔风景林区

本区域围绕悦林湖展开绿化空间组合，绿化面积约 15.6hm²。以高架为界，高架西侧为景观弧配合林带及背景林带；高架东侧为人工堆筑 6m 左右的中央岛绿化、清雅园和其他水中小岛等以秋色叶为主的绿化。本区域乔木初植密度以 3 年生长枝条不互相重叠为原则，初始郁闭度为 0.4。林带内大乔木 14m²/ 株，小乔木 6m²/ 株的种植间距。在此

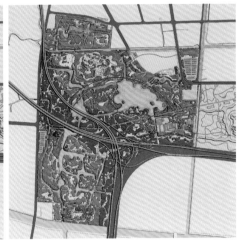

方案阶段总体平面图　　　　　　　　　初设阶段总体平面图　　　　　　　　　施工图阶段总体平面图　　　　　　　　　图 5

区域内落叶乔木与常绿乔木比为 7：1，一般规格乔木与大规格乔木比为 2：1，其中，一般规格乔木为胸径 8~10cm，大规格乔木如香樟、榉树、银杏为胸径 15cm 左右（开花小乔木和竹类不计入此比例中）。

　　5.冬景园区

　　本区域为冬景园，绿化面积约 51hm²，主要包含了秋叶冬花区、香溢双梅岛、秋硕冬果区、赏枝观干区、松柏奇石园、高架防护林带等绿化内容。冬景园乔木初植密度以 3 年生长枝条不互相重叠为原则，初始郁闭度为 0.4。林带内大乔木 14m²/株，小乔木和特色果树类 6m²/株的种植间距。在此区域内落叶乔木与常绿乔木比为 7：1，一般规格乔木与大规格乔木比为 2：1，其中，一般规格乔木为胸径 8~10cm，大规格乔木如香樟、榉树、银杏为胸径 15cm 左右（开花小乔木和果树类不计入此比例中）。

八、历史人文体现

　　作为上海环城生态规划系统上的重要节点，顾村公园是上海最重要的绿色生态核心之一。因而，基地建成以后不仅将是宝山区居民文化休闲娱乐的主要场所，也将是上海主城区及周边地区人群周末或短期出游的选择。本区域的规划将对于整个宝山区未来的社会经济、文化、生态环境建设具有举足轻重的作用。

　　顾村公园二期的历史人文特色在公园一期"顾村文化"这一特点下进行进一步的挖掘与延续，规划设计若干与顾村当地历史人文特色相关联的主题园，例如：以展示石材特色为主的奇石园；注重青少年科学与人文素质培养的青少年活动区；展示顾村当地特色民俗风貌的养生农庄等。同时，注重在一些设计细节中挖掘和提炼顾村当地历史人文元素，与整体规划相呼应、相融合，从而，形成具有独特历史人文底蕴，又体现生态性的大型郊野公园。

结语

　　不同的制约因素，激发了不同的创新设计理念，在顾村公园二期规划设计中，设计师根据用地情况的不停变化与不同变化，随机应变，发扬愈"制约"，愈"创新"的设计精神，最终完成了该项目的设计工作，为上海及周边地区市民提供了一处生态环境良好的郊野公园。

项目组成员名单

项目负责人：范善华　任梦非

项目参加人：潘鸣婷　杨军　贲宗利　李彦良
　　　　　　王艳春　祁佳莹　叶忠豫　胡璇
　　　　　　韩荣平　杨飞　陈琼　周乐燕
　　　　　　李雯　张毅　陈惠君　忻苹
　　　　　　刘妍彤　邢缨

项目撰稿人：任梦非

图 5　各阶段平面图

论省级园林园艺博览会申办流程和规划设计思路

——以南宁市申办第三届广西园博会为例

南宁市古今园林规划设计院／蒋凌杰

当前,全国各地举办园林园艺博览会此起彼伏,除了国际性和全国性的园博会,还有各省也开始大力兴办省级园博会。这些园博会的兴办,标志着我国园林绿化事业正跨上一个新的发展阶段。对于举办省级园博会的城市来说如何申请筹办一届有特色高标准的园博会是一个新的挑战。本院有幸从南宁市申请承办 2013 年第三届广西园林园艺博览会开始到园博会的设计施工都参与了其中的工作,并从中把握到举办省级园博会的申办流程和设计思路。

一、广西园林园艺博览会简介

广西园林园艺博览会是由广西壮族自治区人民政府主办的一个园林博览盛会,是为推进新型城镇化建设做出的一项重大决策,目的是为提高广西园林绿化和生态建设水平,促进全区园林绿化建设和园林产业跨越式发展,全面展示广西园林园艺成果,加强园林园艺科技文化交流。

该会每年一届,在广西 14 个城市轮流举办。首届园博会在柳州举行,以"秀美八桂,生态龙城"为主题。第二届广西园博会在桂林市举行,主题为"山水园林,秀甲天下"。第三届将由南宁市承办,本届园博会的主题是"八桂神韵 绿色乐章"。

二、园博会的组织机构与分工

园博会主办单位为广西壮族自治区人民政府,承办单位为自治区住房和城乡建设厅、农业厅、林业厅等相关部门以及具体承办的设区市人民政府,协办单位为其他设区市人民政府。

(一)组委会

园博园组委会统一领导园博会的各项工作,审定园博会总体工作方案和园博园总体规划方案等重大事项。

(二)组委会办公室

组委会下设组委会办公室,组织和协调园博会相关事宜。

(三)承办城市

按照组委会审核通过的总体工作方案和园博园总体规划方案要求承担园博会的具体筹办工作。

(四)协办城市

精心建设本市参展的展园景点;选择优秀作品、展品参加各项专题展览和园事花事活动。

三、园博园场地的选址条件

园博园的选址用地应符合城市总体规划,是

图 1　柳州园博园实景
图 2　桂林园博园实景

图 1

图 2

属于城市绿地系统规划确定的规划绿地，规模应在60hm²以上。承办城市可在市区内选址新建或在原有公园的基础上建设园博园，但原则上不占用农田，充分利用荒山荒坡，借风景区、公园景观造园。

南宁市根据园博园用地要求，对符合条件的五象湖公园、江南公园、龟山滨江公园、大王滩湿地公园进行比选。最后确定更有区位优势的五象湖公园作为拟选园址。

四、城市申办流程

园博会承办城市采取独立竞争申办制。具体流程如下：

（一）申请材料

由申办城市人民政府向组委会提交申办申请及相关申办材料。申办材料主要包括申办城市人民政府的申办申请、申办报告、DVD申办宣传片以及有关的图件。申办报告主要内容包括：申办城市基本情况；园博会拟定园址概况和概念性规划方案；园博会办展、招展方案；闭幕后园博园的维护利用方案及办展承诺等。

（二）资格审查

组委会办公室对申办材料进行初审后，提出初步入围城市名单报组委会审定。

（三）举办地评选

组委会办公室组织组委会成员、专家及各市园林主管部门负责人对入围申办城市进行评选，依据评选标准打分，得分最高的定为园博会承办城市。

（四）承办确认

由组委会办公室向承办城市发出承办通知书并将结果报组委会。

五、承办城市的办展流程

（一）园博会总体工作方案的制定

城市获得园博会承办权后一个月内，制定完成园博会总体工作方案，并上报组委会办公室。总体工作方案内容主要包括：办会主要内容、总体目标、主题、举行时间和地点、承办单位和组织领导、主要活动安排、工作分工和组织实施、评奖办法、建设资金筹措、保障措施等。

（二）园博园规划设计

园博园规划包括总体规划和各片区详细规划。园博园总体规划设计方案由承办城市报组委会办公室，组委会办公室组织专家评审后报组委会审定。

各协办城市（企业）根据园博园总体规划设计方案，通过抽签方式确定各自的建设展园。各展园的设计方案要与总体方案有机结合，做到既反映各自特色，又协调统一。

（三）园博园建设

整个园博园建设分成基础设施、园林绿化和展园建设等三大块。承办城市应成立园博园建设指挥部，全面指挥协调工程建设工作，并进行分类管理、统筹安排、职责分工，确保工程进度和施工质量。

（四）展期活动安排

园博会展期具体活动由承办城市根据本地实际提出后报组委会审定。展会活动应主要包括：开幕式、室内展、室外展、园林园艺行业发展论坛、园林园艺行业建设新工艺新技术推介及经贸洽谈、闭幕式等。

（五）园博会闭幕移交

园博会闭幕后园博园作为城市主题公园永久保留对外展示。承办城市园林绿化行政主管部门应制定可持续发展管理方案报自治区住房和城乡建设厅，并成立管理机构，园博会闭幕后，园博园将移交该机构进行养护管理。

六、园博园规划设计思路

经过以上申办流程，南宁市取得第三届广西园林园艺博览会的承办权。作为广西园林园艺博览会，园博园的规划设计应以高标准、高起点设计，着重应体现以下几个方面：

• 充分挖掘承办城市特色文化，并协调公园与周边环境的关系。

• 注重原有地形地貌以及水系的合理改造和利用。重点考虑合理布置公园景观分区与展园布局。

• 遵循生态、节约型园林绿地建设要求，设计理念先进、积极采用新技术、新材料，具有示范与推广意义。

• 充分考虑展会之后公园的运营模式和管理方式。

本文以南宁市古今园林规划设计院的五象湖公园概念性规划方案为例，主要从特色挖掘、方案构思、总体布局、功能分区、园林科技和展后利用等方面综合分析，阐述省级园博园的规划设计思路。

（一）区位概况

五象湖公园位于南宁市五象新区核心区，毗邻自治区行政办公中心。公园规划总面积136.98hm²，其中陆地面积73.43hm²，水域面积66.84hm²，它是目前南宁市最大的城市内湖。

（二）规划指导思想

以建设生态园林城市为指导思想，遵循"八桂神韵 绿色乐章"的园博会主题，突出南宁"绿城、

水城"特色，从园林的视角反映多姿多彩的广西自然与人文文化，建设绿色、生态、节约型的城市公园典范。

（三）特色挖掘

突出南宁市"绿水花田"四大特色，营造自然与人文相结合的园林景观。

绿："中国绿城"的名称使南宁人文景观魅力四射。通过绿色植物与绿色生态环保理念，建造节约型生态园林典范。

水：以"水"作为环境的构思出发点，打造水体景观，体现南宁"水城"的特色。

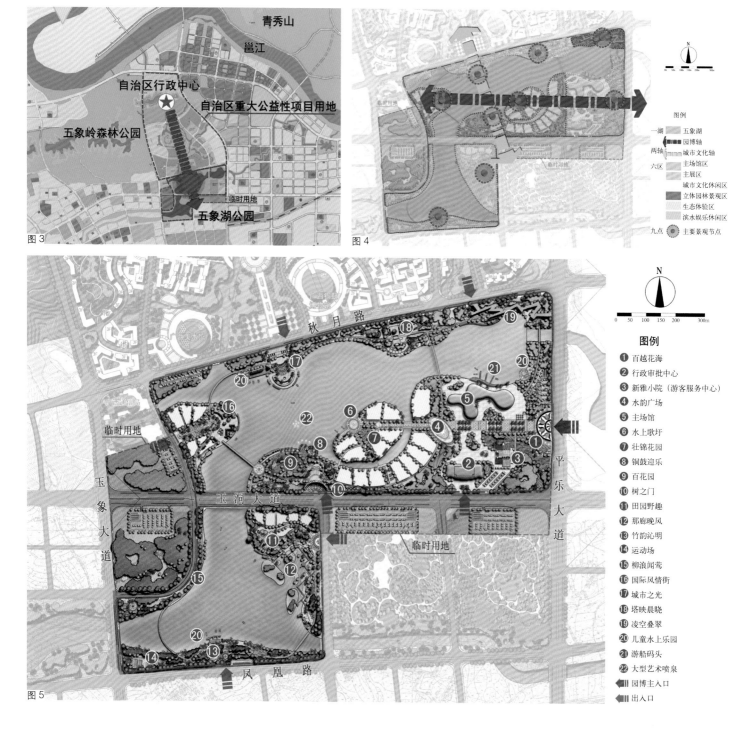

图3

图4

图5

图例

① 百越花海
② 行政审批中心
③ 新雅小院（游客服务中心）
④ 水韵广场
⑤ 主场馆
⑥ 水上歌圩
⑦ 壮锦花园
⑧ 铜鼓迎乐
⑨ 百花园
⑩ 树之门
⑪ 田园野趣
⑫ 那廊晚风
⑬ 竹韵沁明
⑭ 运动场
⑮ 柳浪闻莺
⑯ 国际风情街
⑰ 城市之光
⑱ 塔映晨晓
⑲ 凌空叠翠
⑳ 儿童水上乐园
㉑ 游船码头
㉒ 大型艺术喷泉

◀▮▮ 园博主入口
◀▮ 出入口

花：南宁地处亚热带，四季花潮不断，规划强调花卉的运用，展示花卉缤纷的色彩和宏大的场面。

田：南宁地处广西盆地，从前各种水塘水田星罗棋布，具有优美的田园风光，随着城市化的发展，这一景观已逐步从人们的视线中消失，规划挖掘这一特色，结合原地形设计梯田景观，再现田园湿地景观。

（四）规划主题与理念

综合区域、场地以及园博园展示的特点，以"五象秀色浮绿水，八桂园林出平湖"为主题，以"绿色 生态 节约"为规划理念。

（五）方案构思

1. 风格构思：将作为城市核心区的五象湖公园打造成"现代与生态交融"的城市园林景观。北部与城市核心区相连，采用现代简约风格；南部多为居住用地，与市民生活更贴近，采用生态的湿地田园风格。

2. 文化体验：将南宁市绿色园林文化、传统民族文化、现代精神文化融为一体，展现璀璨多姿的城市新景观。

3. 园林展示：满足园博会的展出需求，集中展示，方便交通组织与参观游览。

4. 空间营造：强调公园与五象岭森林公园、中央公园和重要建筑的视觉联系与渗透，控制视域范围内的建筑高度与植物密度，确保视线走廊通畅。利用湖面与市政路的高差，合理组织立体景观。

5. 引领科技发展：注入智慧型园林理念，通过信息感知、安保在线、无线 WiFi 等应用，让游客畅享"智慧五象湖"新体验。

6. 展后利用：在考虑园博会办展需求时，更注重展后综合性公园的要求。

（六）总体布局

总体布局结构为"一湖、两轴、六区、九点"。

一湖：即五象湖，利用广阔的水资源，注重水元素的运用，体现南宁水城的特色。

两轴：城市文化轴和园博轴。

六区：分别为主场馆区、主展区、城市文化休闲区、立体园林景观区、生态体验区、滨水休闲娱乐区。

九点：分别为各分区的主要景点。

（七）功能分区

1. 主场馆区

主场馆区位于公园东面，主要景点包括：主

图6

图7

图8

图9

入口、主场馆、游客服务中心等。主入口以大型立体花坛和缤纷花海渲染园博会热烈的氛围。主场馆展会期间用于花卉、盆景、插花、书法摄影、赏石等室内展览，展会结束后恢复青少年活动中心使用功能。

2. 主展区

主展区位于玉洞大道北侧，为方便展示和参观游览，展园主要集中布置在此区域。包括14个广西地级市展园、国际展园、企业展园等。每个城市展园边界临水，以便于各市能利用五象湖湖水景资源营造更好的景观。公共空间设置水上歌圩、铜鼓迎乐、清流叠瀑等景点和两个主题花园，其中壮锦花园以花卉编织壮锦图案，展示民族艺术魅力。百花园结合梯田形成花田景观，与北面的城市文化广场形成对景。

3. 城市文化休闲区

城市文化休闲区位于公园北面，是作为五象新区中央公园景观轴的延续。该区利用与市政路18m左右的高差打造层层跌落的台地式入口广场，上层为庆典广场和空中观景环道，下层为亲水区。其中"城市之光"雕塑以南宁能帮就帮的精神为创作源泉。"塔映晨晓"主景为象湖塔，是五象湖公园的标志性建筑。

4. 立体园林景观区

公园东北部由于市政路与水面的高差较大，集中绿地面积较小，不利于布置活动场地，故在此处利用地形高差打造立体园林景观。通过台地、挑台、空中走廊等形成多层次的景观空间，上层结合开花草本灌木设置休息场地，下层为交通和服务设施。

5. 生态体验区

生态体验区布置有广西优秀设计师展园以及梯田湿地、科普馆等。梯田湿地以挖掘南宁市田园文化为内涵，再现南宁市田园湿地景观，并集聚湿地生态资源研究、科普展示、艺术创意等功能，为游人提供多样的、自然野趣的游憩空间。

6. 滨水休闲娱乐区

滨水休闲娱乐区位于公园南侧，周边规划用地多为居住用地，与市民生活紧密联系。此区为周边市民提供更丰富的游憩服务，包括有滨水散步道、体育运动区、儿童游戏区、竹林静赏区等，为市民打造一个宜动宜静、风景优美的活动区域。

（八）园林科技

在此次园博园规划中，采用大量科技举措为园博园注入前端的园林科技，并成为推动游园发展和管理水平上的重要手段。其主要智能化系统包括：闭路电视监控系统，建筑设备自动化系统，室外无线WLAN系统，多媒体信息查询系统等。

（九）环保节能系统

规划通过创新、科技的手法体现"绿色 生态 节约"的理念。包括绿色建筑、生物资源和自然能源利用、雨水收集与净化利用、中水利用、园林废弃物的回收利用、节能材料等。

（十）展后利用

园博会结束后，五象湖公园将是大型城市综合性公园，供市民休闲娱乐、旅游观光以及园林行业交流学习、园林文化展示、园林科普等。结合公园区位优势和周边商业街区特点，相关服务配套设施可保留，并发展成为餐饮、购物、娱乐及文化创意产业，成为城市新的旅游景点，提升周边土地价值。

七、结语

广西园林园艺博览会是由广西壮族自治区人民政府主办的一个园林博览盛会。整个园博会的申办流程非常规范、严格，才能确保承办城市能够举办一届有特色高标准的园博会。

省级园博园的规划设计应以本省区深厚的历史文化和民族文化底蕴为基础，以保护自然生态和发展园林事业为目标，遵循自然与人文、传统与现代、生态与城市相融相存的原则，全面展示现代园林园艺发展成就和绿色科技水平，充分体现新品种、新材料和新技术在园林中的运用，丰富人民群众的文化生活，陶冶情操，促进社会主义精神文明建设和经济社会全面发展。

项目组成员名单
项目负责人：冯延锋　蒋凌杰
项目参加人：洪　玫　冯延锋　蒋凌杰　周仕凡
　　　　　　杨宁彬　付渝涵
项目演讲人：洪　玫

漳州双鱼岛整体环境景观规划设计

中外园林建设有限公司设计院／郭 明

景观环境是近年众说纷纭的时尚课题，一说源自19世纪的欧美，一说则追记到古代的中国，当前的景观环境，属多学科竞技并正在演绎的事务。

一、项目背景

厦、漳、泉"闽南金三角"经济发展区是福建东南沿海经济区的重要组成部分，被誉为"第二蛇口"的漳州经济开发区位于中国东南沿海厦门湾南岸，在漳厦平原的中心，总体规划范围为56.17km²，是漳州市最重要的出海通道。

双鱼岛项目位于漳州招商局经济技术开发区二区，东濒厦门湾南岸海域，隔海为南太武黄金海岸及南太武高尔夫球场。与厦门岛隔海相望，拥有得天独厚的自然景观资源。

双鱼岛是国务院审批通过的第一个离岸式人工岛项目。双鱼岛位于漳州开发区的中心位置，属二区大磐浅滩范围内，总规划面积约2.2km²，呈双海豚造型，半径840m，占地3325亩，造岛填海工程土石方量3337万m³，形成岸线11.77km，已于2010年2月5日开工建设，计划3年完成造岛工程，投资30亿元。

二、总体景观规划

双鱼岛上位规划中提到，近期的发展重点是港口物流及临港工业，并以此为依托，建设"港口产业园区型"的滨海城市。远期发展方向是工业城区向综合城区的转化，以工业带动服务业发展。基于此，我们提出了景观规划的整体构思，即务求利用双鱼岛独特的地理位置和周边环境，营造一个高质量的、生态的旅游度假环境，努力探索21世纪人工岛屿环境营造的新模式，将人、生态环境、自然环境和谐地统一起来。

双鱼岛景观总体规划设计原则：

（1）突出"国际化"、"海洋与岛屿"的特征。

（2）贯彻人与自然和谐共生的理念，建设生态、低碳、可循环的绿色景观。

（3）体现地域文化特征：港口与海洋文化、两岸三地的文化。

（4）以人为本，服务于人。满足城市功能的需求。

总体景观设计概念为：打造成为兼具休闲旅游、养身度假功能的，有显著区域特征的"国际花园岛"，体现独特的"山、城、海、岛"的城市特色，突出"特色、绿色、高起点、高品位"的特点。

根据双鱼岛的上位规划，将其分为六大功能区，分别为：内湾文化商业区、滨海特色居住区、会议会展商务区、主题游乐度假区、滨海养生度假区、游艇风景区。本次景观规划，我们结合上位规划的内容，将景观结构也进行了分区，具体可归纳为一轴、两面、四环、十景，不同的分区因所处的位置及服务的功能不同，我们在景观规划设计时也赋予了其不同的特色：

一轴——有凤来仪—入岛连接桥。

两面——城市森林—主题游乐园；运动休闲公园。

四环——椰风树影—内湾水廊；蓝色舞曲—主环路；火红乐章—次环路；金色祝福—滨海外岸线。

图1 项目区位

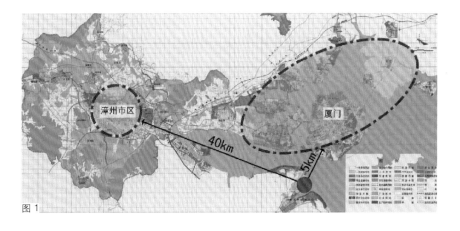

图1

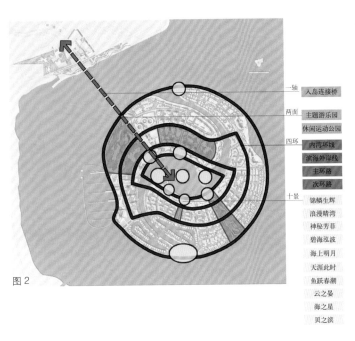

图2

一轴 —— 入岛连接桥
两面 —— 主题游乐园 / 休闲运动公园
四环 —— 内湾环线 / 滨海外岸线 / 主环路 / 次环路
十景 —— 锦鳞生辉 / 浪漫晴湾 / 神秘芳菲 / 碧海泓波 / 海上明月 / 天涯此时 / 鱼跃春潮 / 云之晏 / 海之星 / 贝之滨

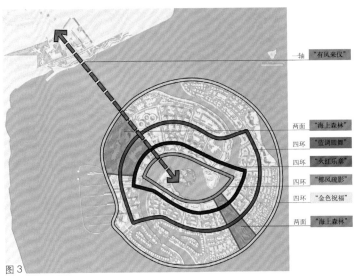

图3

一轴 —— "有凤来仪"
两面 —— "海上森林"
四环 —— "蓝调圆舞"
四环 —— "火红乐章"
四环 —— "椰风疏影"
四环 —— "金色祝福"
两面 —— "海上森林"

十景——锦鳞生辉、浪漫晴湾、鱼跃春潮、神秘芳菲、碧海泓波、天涯此时、海上明月等。

三、总体种植景观规划

（一）植物总体规划

双鱼岛所处海域属亚热带海洋性季风气候，四季温暖湿润，冬无严寒，夏无酷暑，该气候条件下的自然海岛，普遍植物丰茂、花鸟众多。双鱼岛的软景设计出发点即是充分利用这个自然环境优势，移植太平洋地区特色植物景观，大量引用开花乔灌木和富有热带风情特色树种，将人工建设的双鱼岛打造成适于度假、观光的高品质花园之岛。

（二）植物规划主题

"五彩旒芳，花园之岛"。以绿色为背景基调，红、黄（金）、蓝（紫）、白色为特色基调，分别用不同的植物体量、植物层次等来体现这五种基调色，规划全岛的植物景观，最终体现五彩旒芳、花园之岛的主题。

（三）种植分区及特色

双鱼岛作为一个人工岛，要打造国际一流的花园之岛，种植设计是其中非常重要的部分。在本次规划中我们进行了详细的考虑。首先在植物种类的选择上我们依据适地适树的原则，选择当地园林绿化效果好的、抗性强的树种；其次在种植层次和植被种类搭配上进行细细推敲，尽可能模仿自然群落，为形成稳定的生态系统打下坚实的基础；再次根据

岛上的总体景观结构规划，为每个分区独立打造能体现其特点的植物景观，在一定程度上提升总体空间景观。

四、总体设计概述及分析

（一）景观策略

设计主题：花园之岛、海洋之岛。

硬景：结合岛屿"双鱼"的设计概念，挖掘海洋文化的内涵，以海豚、贝壳、海螺、椰林、海浪、海星等体现海洋特色的生物为设计元素，设计在广场、铺装、城市家具及其他景观元素中。形成鲜明的海洋文化特色，同时运用现代景观材料与技术，创造出具有国际化特征和时代感的开放型景观空间。

软景：热带及亚热带海岛，因其特有的湿润温暖的海洋气候，普遍植物丰茂、花鸟众多，成为一个显著的自然特征，双鱼岛的软景设计出发点是突出这个自然特征，移植域太平洋地区特色植物景观，将人工建设的双鱼岛打造成于度假、观光的高品质花园之岛。

（二）景观空间的功能定位

以丰富多彩的植被系统和服务设施构建一个令人愉悦的、宜居的生活与工作环境，并具备以下功能：

1. 运动健身：健身道路、广场、公园；
2. 艺术与文化展示：城市雕塑系统，艺术文化街区及演绎广场；

图2　规划设计结构
图3　整体植物设计分区
图4　设计总图

3. 休闲观光：游乐设施、滨水景观、望海景观、商业购物景观、特殊效果的城市广场及道路景观；

4. 城市户外生活与服务设施的保障：城市家具系统、照明系统、景观标识系统。

（三）内岸设计主题：随波万里，瀚海星云

内岸设计，景观上为了创造更加灵动舒适的空间，对部分护岸的边线范围进行了调整，内岸集结了8大岸线功能，分别为商业办公岸线、高尚居住区岸线、垂直城市综合体岸线、艺术岸线、商业岸线、商住岸线、体育岸线及神秘岛。景观设计上对各种岸线功能进行整合，形成连续的景观界面。内岸线主要以公共活动空间为主，设计上以硬质铺装为主，满足商业活动及休闲观光功能。在商业活动区域考虑人的亲水性，利用多种形式与功能空间拉近使用者与水的互动关系，在居住区域则以绿化设计为主，设计贯通人行交通系统。

内湾北岸线：设计主题为"随波万里"，北侧活泼的建筑形式，暗喻了"鱼"的主题，景观用"水"的概念与之配合，设计上以海浪造型为基本语言，整合北侧岸线功能，通过曲线铺装及种植小品形成完整统一的景观界面，用海浪肌理塑造适合商业空间动感的景观氛围。

内湾南岸线：设计主题为"瀚海星云"，南侧的建筑为闽南的传统骑楼建筑，以形式规则的建筑组团为主，铺装及小品设计上以海星、海螺、贝壳等海洋生物为设计元素，保留岸线基本形态，在视觉焦点区域形成景观节点，整合岸线功能，营造强烈的海洋主题视觉景观。

（四）外岸设计主题：绿色生态走廊

外岸设计以椰林和黄色开花植物为主，打造具有显著植物景观特色和休闲健身功能的生态观海长廊，形成贯通的绿色步行系统。

外岸线景观应具备以下功能：

1. 休闲健身：道路及广场满足自行车、慢跑、轮滑、垂钓、晨练的健身功能；

2. 休闲观光：满足环岛观海功能；

3. 生态屏障：丰富的复合式植物组团，满足减弱风速和别墅组团的私密性。

（五）神秘岛设计主题：空中花园，百花之岛

规划解读：根据双鱼岛"双鱼戏珠"的设计理念，神秘岛位于全岛中心，是"岛中之岛"。

设计定位：光洁圆润的翡翠玉珠。

景观主题："空中花园，百花之岛"。

植物特色：用两岸三地特色的珍贵花卉和色叶植物，将屋顶花园建成精品花卉展示园，打造"海中明珠"的景观效果。

五、其他分项设计

在道路、雕塑、照明、生态系统等景观专项方面，也做了规划以控制和保证景观效果。双鱼岛的道路系统按照功能可分为交通性道路、生活性道路和游览性道路三类；整体的雕塑系统规划遵从双鱼岛的空间结构、布局形态，以城市景观系统规划为依据，并以此来优化城市景观的空间。综合生态安全格局的构建、根据景观生态学基本原理，针对双鱼岛规划范围内的景观应该发挥的生态功能，从实际出发研究该岛与陆地相联系的自然生态系统和城市人工生态系统中各种异质景观的特征及相互联系，从而建立完善贯通的生态网络。双鱼岛生态系统的规划主要包括雨洪管理系统的构建、雨水收集与利用、景观用水布局规划、植物规划策略、新技术及新能源利用。

项目组成员名单

项目负责人：李长缨

项目参加人：郭　明　　唐睿睿　黄名轶　安书慧
　　　　　　张　敏　　陈士宁　戴晓展　全思嘉

项目演讲人：郭　明

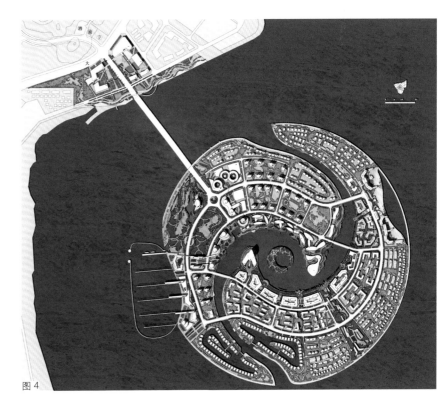

图4

河道淹没区中的景观空间

——辽阳衍秀公园景观设计

北京清华同衡规划设计研究院有限公司／胡　洁

影响河道及滨水区域的一个重要因素就是洪水，为了治理河道问题和进行城市跨河发展，很多地方筑起高高的防洪堤坝，破坏了河道的自然柔美曲线，隔断了人们与水之间的联系，也限制了水陆之间的物质循环。

河道淹没区场地空间的开发建设，不仅是保障城市水安全的功能带，更是城市的天然风光带。河道淹没区中的景观空间设计，既要注重功能性、生态性、观赏性、亲水性、经济性等的协调统一，更要解决防洪工程与景观营造的矛盾。

一、概况

辽阳衍秀公园位于辽阳市河东新城起步区太子河（新运大桥——中华大桥）段东岸，与老城区隔河相望。总长约1km，占地面积约28hm²。周边有高档酒店、高档社区和城市公共建筑。

公园位于太子河泄洪区内，地形坡度较大，驳岸形式复杂，整体处在泄洪区与禁建区内。公园大面积场地低于太子河百年一遇洪水位。场地植被主要以人工防护林为主，局部有大乔木，空间形式单一，场地内无市民的活动空间。场地周边厚实的人工防护林以行列式种植，密度过高，削弱了城市与公园的联系，与道路形成隔离，难以吸引市民进入，同时人为活动与淹没区功能之间形成矛盾。

如何定位公园性质？如何解决生态保护与人类活动之间的矛盾？如何解决淹没区防洪安全性与市民活动性、景观性等相互关系问题？这些问题都是该方案设计时重点考虑的问题，尤其面对不同重现期的洪水位变化，显得格外突出。

二、设计理念

尊重场地、因地制宜，寻求与场地空间和周边

现状卫片（2010年6月）　　A点 现状照片　　2011年3月现场照片

B点 现状照片　　C点 现状照片　　2011年3月现场照片

图 1 D点 现状照片

图 1　场地现状
图 2　场地分析
图 3　用地性质分析
图 4　总平面图

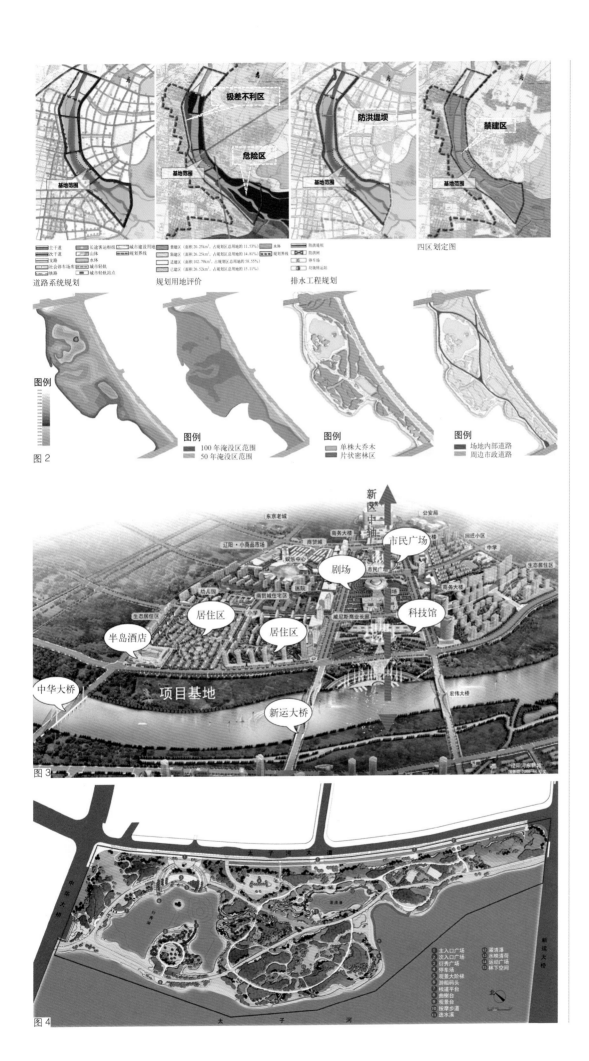

极差不利区

危险区

基地范围

防洪堤坝

基地范围

禁建区

基地范围

基地范围

四区划定图

主干道　长途客运枢纽　城市建设用地
次干道　山体　规划界线
支路　水体
社会停车场库　城市轻轨
铁路　城市轻轨站点

禁建区（面积20.25km²，占规划区总用地的11.53%）　水体
限建区（面积26.25km²，占规划区总用地的14.81%）　规划界线
适建区（面积102.79km²，占规划区总用地的58.55%）
已建区（面积26.52km²，占规划区总用地的15.11%）

防洪堤坝
防洪闸
停车场
垃圾转运站

道路系统规划　　　　规划用地评价　　　　排水工程规划

图例

图例
100年淹没区范围
50年淹没区范围

图例
单株大乔木
片状密林区

图例
场地内部道路
周边市政道路

图2

新区中轴

东京老城　　　公安局

辽阳·小商品市场　商贸城　商务大楼　　回迁小区

市民广场

娱乐中心　　　　　中学

剧场　　市民广场

幼儿园　医院　　商务大楼　生态属住区

居住区　　商贸城住宅区　小学　威尼斯商业长廊　　科技馆

生态属住区　　　居住区

半岛酒店

中华大桥　　　　　　项目基地　　　　　　宏伟大桥

新运大桥

图3

太子河大道

中华大桥

新运大桥

① 主入口广场　⑫ 灌清潭
② 次入口广场　⑬ 水映清荷
③ 衍秀广场　　⑭ 运动广场
④ 停车场　　　⑮ 林下空间
⑤ 观景大阶梯
⑥ 游船码头
⑦ 栈道平台
⑧ 曲树台
⑨ 观景台
⑩ 按摩步道
⑪ 迷水溪

北

太子河

图4

环境密切联系、形成整体的设计理念。基于对场地空间地形地貌和植被空间充分了解的基础上，概括出场地的最大特性，以场地中原有水面的不同尺度及地形走势的空间关系作为设计的基本出发点。充分考虑场地空间对设计理念的影响，因地制宜地形成"共生"的设计理念，寓意人与自然和谐共生，从而达到整体场地空间秉承设计理念与场地空间有机结合。

三、设计要点

充分考虑场地不同高差及水位变化，设计通过运用对不同高程范围内场地空间进行因地制宜的设计手法，实现了公园具有调蓄水量、非汛期市民亲水愿望的目标，营造类型丰富的活动空间。

作为太子河泄洪区的一部分，在安全泄洪的前提下，将内外水系贯通，对河道进行必要疏浚，拓深河槽、湖面，形成复式河道。2018 年 8 月辽阳市遭遇近 50 年一遇的洪水袭击，正在施工中的公园被淹，以下是洪水前后的对比景象。

沿河槽岸线布置设置隐形堤坝，尽量将矩形、梯形断面做成复式断面，弃用硬质护岸，改用软质生态护岸。利用木栈道、自然石、水生植物等将原河道边的硬质护岸进行修饰遮挡，让驳岸更加生态化。岸边被水浪掏空的区域利用场地内枯树枝、做成木桩驳岸，使得施工废料进行填充，不仅减低施工成本，也为水生植物生长提供了有力的基质，构建生物栖息地。此景观措施具有一定的防治水土流失功能，通过对污染源进行截留和处理，从而净化水质。

设计采用科学间移的方式解决现状苗圃林地生长过密的问题，保证植物具有充足的生长空间，同时打开通往水面的视廊和留出活动空间引导市民进入。在保留植被的基础上，增加点景树丰富空间层

图 5

图 6

图 5 2012 年 8 月洪水前后对比图
图 6 空中俯瞰公园全景
图 7 驳岸设计
图 8 植物群落模式

驳岸设计形式

考虑最高水位对驳岸的破坏情况，保持驳岸防洪能力最低限度为50年一遇，建筑物及构筑物高于100年一遇洪水范围线，形成一片可伸缩的场地空间。

建成后效果

遵循场地原有属性、集合不同形式设计形式，营造丰富多样的驳岸形式。

图 7

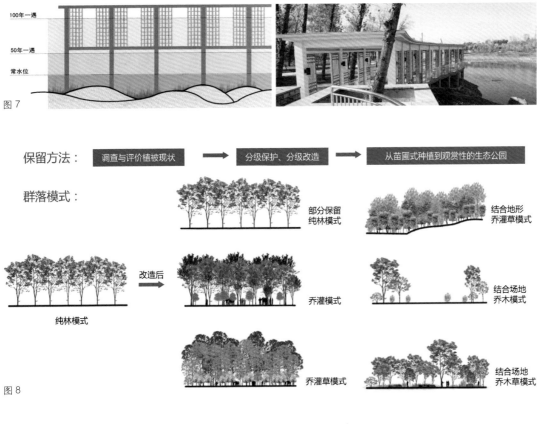

图 8

图9

图10

图11

图12

图13

图14

图15

图16

图9　多彩的植物景观
图10　现状大树保留
图11　野花草地
图12　自然树池
图13　市民休闲活动
图14　公园夜景
图15　观景平台
图16　公园建成组图一
图17　公园建成组图二
图18　公园建成组图三
图19　公园与城市的关系

次和植物品种，构建完善植物群落。而移出的树木采取就地移栽或就近植于周边绿地内。这种充分利用现状资源的方式，最小干预原有的生态系统，在保证地域特色的同时大大降低了工程造价。

在满足生态可持续发展的前提下，通过营造不同场地空间类型，满足不同人群在心理和生理上的需求。在非汛期为市民提供各类活动场地空间，在滩区地势较高的区域布置休闲运动场地，慢行系统作为游园体系的重要组成部分为市民提供健身散步的空间。冬季可开展冰上特色活动及冰雪艺术活动等，丰富不同季节的活动方式。

衍秀公园景观秉承实用、经济、美观的设计原则，通过保留、恢复、重建原有的景观要素——水系、道路、种植基调为主，并与人为空间形成镶嵌性的空间组合结构，使两者彼此协调发展，形成自然生态与人工生态有机结合的生态安全格局。

四、小结

在中国城市化进程快速发展过程中，很多城市都面临着河道建设问题，其中河道淹没区部分，大多数还是不被关注和重视，仍然是以工程性为主，忽视对整个河道的生态效应及人与自然的和谐共生问题。一刀切手法使得人们亲水的本能被无情的隔离，这对于城市建设来说是一种不可取的方法，应该充分考虑河道的不同高度，不同空间场地的关系，让人们能够在保证安全的情况下亲近自然、亲近河水，做到真正意义上的自然与社会和谐共生。

河道淹没区中的辽阳衍水公园景观设计从环境入手，通过从宏观到微观对场地空间进行深入研究与思考，在安全防护的前提下，充分利用现状不同场地空间，为景观设计找到切入口，诠释公园的设计理念，并通过传统文化、生态学、结合不同功能等方面对河道淹没区这种特殊地段进行完美展现。

项目组成员名单

项目负责人：胡　洁

项目参加人：吕璐珊　孙百宁　潘芙蓉　蔡丽红
　　　　　　梁　超　滕晓漪　张　凡　常广隶
　　　　　　范　汉　朱闫明子　张申亮　胡子威

项目获奖情况：

2013年12月荣获英国景观行业协会国家景观奖

2013年10月荣获全国人居经典建筑规划设计方案环境金奖

2013年4月荣获国际风景园林师联合会亚太地区风景园林设计类主席奖

图17

图18

图19

赣东北生态家园

——江浙地区新农村建筑及周边环境设计

西南大学园林景观规划设计研究院 重庆人文科技学院 西南大学园艺园林学院／
陈教斌 施文婷 刘 春 周 勇 徐 丹

一、设计背景

（一）引言

我国既有建筑近 400 亿 m²，却仅有 1% 为节能建筑，每年新建筑近 20 亿 m²，但 95% 以上仍是高能耗建筑。目前，建筑能耗总量约占我国能源消费总量的 30%，其中，空调占全国耗能量的 20% 左右，夏季高峰的负荷相当于 10 个三峡电站满负荷能力。随着我国城镇化进程的快速发展，农村用能业已成为制约我国农村经济、社会、环境和可持续发展的重要瓶颈之一，且这一问题会越来越突出。因此，急需研发和推广适应农村的低能耗住宅设计与建造技术以缓解农村建筑的用能压力。江浙的新农村建设走在全国的前列，如何让该地区的新农村建设成为全国的榜样是具有重要研究意义的课题。

（二）SWOT 分析

优势：环境优美，空气清新，民风淳朴，给主人创造良好的生活环境；占地面积大，给设计以无限的空间与想象；建筑材料容易获得，有大量的可再利用的废弃材料，减少了大量的成本，也有利于环保，可以很好地实现可持续发展。

劣势：各自自建宅基地独立分块，未统一规划，很难形成整体社区，不便于物业介入管理，且安全性较差；建筑的风格不一，空间设计不合理，舒适度不够；建筑环境质量较差。

机遇：新农村建设，国家有相关的建筑建设和改造补助和土地优惠政策。

挑战：如何让这些村民的住房成为低能耗的绿色建筑？在不牺牲建筑环境、周边生态和居住的舒适度前提下，用较少的投入、简单易行的方法，使建筑能充分利用低碳、环保材料进行 DIY，让主人从中找到乐趣，从而实现以最低的成本来获得最高效的节能效果。

（三）区位分析

上饶简称饶，位于江西省对东北部，处于长三角经济区、海西经济区、鄱阳湖经济区三区交汇处，典型的江南鱼米之乡，自古就有"上乘富饶生态之都"、"八方通衢"和"豫章第一门户"之称，属于亚热带季风湿润性气候，地形以平原和丘陵为主，本项目位于上饶市的广丰县，经济作物适合种甘蔗、水稻、小麦、油菜、茶叶、烟草等，果蔬类适合种脐橙、柑橘、葡萄、桃子等，植物适合种柏树、松树、香樟等。

（四）业主背景

该建筑共住三兄弟，都已成家，每家三人，老大是江西鹰潭那边的公司老总，爱人在家待业，儿子刚英国留学回来的，准备今年结婚；老二已在该村有自建房子，老三已出嫁，在县城有房子；老四是老师，有一个五岁的儿子，爱人在上饶的公司文员；老五在村里做法律工作，妻子在市区的物管公司上班，女儿 10 岁，家中还有一个老妈，喜欢养花、种菜、钓鱼等。

（五）业主要求

根据地块及周边环境，设计一栋适合三兄弟家庭成员居住的低碳、生态、环保的舒适的家。

二、设计调研

气候。上饶市属中亚热带季风湿润气候。具有四季分明、雨量充沛、日照充足、无霜期较长的特点。

图1

全市全年平均气温为 16.7~18.3℃，年最冷（1 月）平均气温为 2.6~4.9℃，年最热月（7 月）平均气温为 32.0~35.0℃。年日照时数为 1780~2100h 之间，占可照时数的 40%~47%。全市年平均降水量

为 1600~1850mm，属降水较多地区。

围绕低碳的主题，考察现场的周边建筑、材料、地形、水体、植物、作物等。建筑地块处于上饶市广丰县的农村，环境优美，周边的建筑大多是砖木

图 2

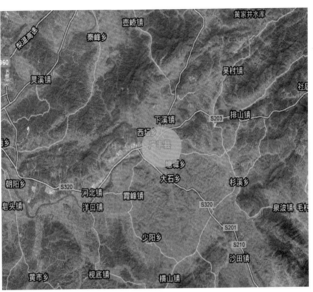

图 3

图 4

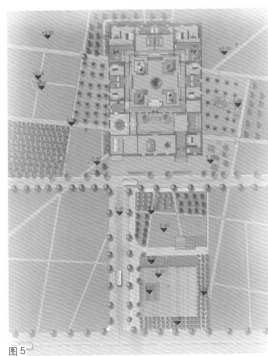

图 5

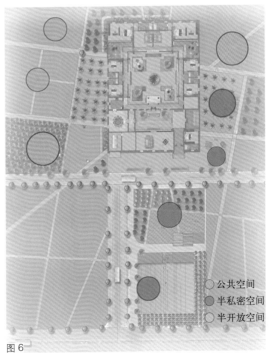

○ 公共空间
● 半私密空间
● 半开放空间

图 6

图 1　从老房子上看建筑所在地块
图 2　区位分析图
图 3　项目周边的建筑风貌
图 4　鸟瞰图
图 5　竖向分析图
图 6　空间分析图

结构的 2~3 层的楼房，地形以平地为主，高差很小，周边大量的农田和菜地，在田埂和小道的两边种植当地的一些植物，如槐树、柳树、樟树、松树、茶树等。

三、设计构思

从现场地块的勘察分析，结合业主家的人口和设计要求，我们确定用类似合院的建筑形式，环保、低碳、可持续设计的主题和理念，设计一个适合业主九口之家的新农村的生态建筑和景观环境。

四、方案设计

（一）建筑设计

从当地的地域气候特点出发，尊重地方居住习惯，合理布局。建筑坐北朝南，可获得充分的阳光和自然通风。在继承特色鲜明的地方建筑形式和地域文化传统的基础上，结合现代建筑思想和现代生活特点进行创新设计。因为该地块的面积有 3 亩多，所以建筑并未采用当地常见的楼房结构形式，而是单层的类似客家的"合院"形式，建筑的墙体利用老房子拆除时废弃的砖头，以及当地河边的大鹅卵石，既方便取材又低碳环保，减少运输成本，且延续了当地建筑的文脉。

（二）竖向设计

在原有土地上进行设计，保留了原有的地形和自然环境，如在原址低洼处设计一水池，可养鱼、种植莲藕等，也便于禽畜的嬉戏。这种设计能尽量减少土方量，做到节约、低碳、可持续。

（三）室内设计

室内功能分区合理明确，动静分开，洁污分开。从公共空间到私密空间有序过渡，满足业主不同层面的心理需要，家庭成员可单独静处，也可欢聚一堂。平面功能布局合理，采光通风很好。外墙种植爬山虎等藤蔓植物，夏天可以减少太阳的暴晒，调节室内的温度，更是一道美丽的风景。室内地面材料采用当地盛产的枯旧松树木板，稍作加工打磨，既很实用又环保。室内墙面采用废旧杉木条（当地居民常用来生火用）做龙骨，松木板做基层，利用当地的红泥或者当地产的竹子编成席子做表面装饰，刮成不同的肌理。室外铺装采用废弃的砖头和瓦片，与周围的环境协调、统一。

（四）景观设计亮点

1. 稻田景观。根据当地的气候特点，阳光充足，

图7

图8

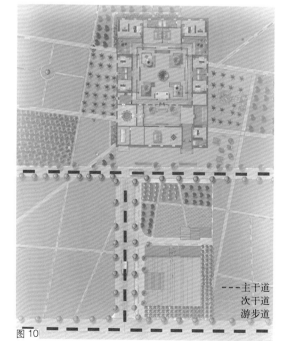

图9

图 7　旧房拆除废弃的砖头
图 8　当地居民常用来生火用的杉木条
图 9　旧房拆除的废弃瓦片
图 10　道路分析图
图 11　总平面图
图 12　用地分析图
图 13　功能分区图

图 10

---主干道
次干道
游步道

降水充沛，水稻一年可以种2季：早稻（4~7月）和晚稻（7~10月）。收割了水稻之后还可以种小麦或油菜。本项目尽量保留当地的自然植被与作物，将蜿蜒的阡陌田埂梳理，形成笔直和几何感的小径，有利于业主行走在乡间小道欣赏风景，体会乡间文化，感受自然的味道，也体会农民的辛苦。稻田在人们的心目中是一幅永不褪色的风景画，微波荡漾的水面，幼嫩天真的秧苗，郁郁葱葱的秧杆，沉甸甸的稻谷，挺拔的稻茬，春夏秋冬，四季都是画。稻田能让人感受到大地的丰满，成熟和富有，能让人领略到辛苦、收获和成功。现代景观必须是能够有利于人们对自然的理解，能够反映大地的本质，能够有利于景观的茁壮成长，而稻田恰恰就是最好的选择。

2. DIY乐园。该空间可以给业主在休闲之余种种菜、摘摘果等，既可享受新鲜绿色的蔬菜水果，又能体会劳动的快乐。根据一年四季的气候，种植适合当季的水果蔬菜，让这块土不断焕发生机。如2~10月种植葡萄，4~9月种植蜜橘等，让业主四季都能吃到自己种植的当地新鲜蔬菜和水果。

3. 池塘景观。利用类似南方的"桑基鱼塘"的模式，将种桑、酿酒、养鱼、养禽、栽甘蔗、种莲藕等形成一个循环模式，实现可持续发展。除此之外，还可在此玩耍、钓鱼等，全家人可以感受与参与，真正的享受景观带来的乐趣。

（五）专项设计

1. 太阳能利用。太阳能取之不尽用之不竭，是洁净的绿色能源，我国已把开发太阳能利用作为实现可持续发展战略的有效措施之一。太阳能可减少燃料的使用，降低电或燃气等能源的消耗。本项目根据当地充足的太阳光照，合理利用太阳能，减

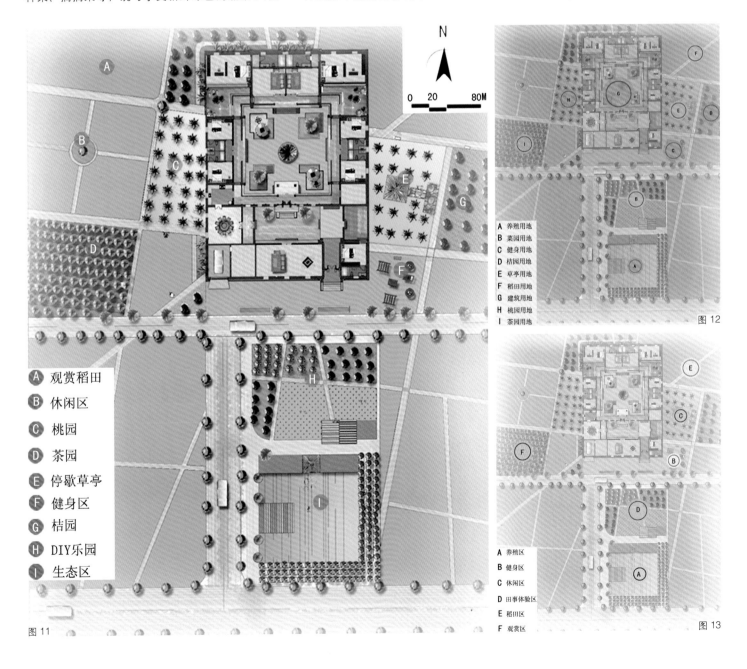

N

0 20   80M

Ⓐ 观赏稻田
Ⓑ 休闲区
Ⓒ 桃园
Ⓓ 茶园
Ⓔ 停歇草亭
Ⓕ 健身区
Ⓖ 桔园
Ⓗ DIY乐园
Ⓘ 生态区

图 11

A 养殖用地
B 菜园用地
C 健身用地
D 桔亭用地
E 草亭用地
F 稻田用地
G 建筑用地
H 桃园用地
I 茶园用地

图 12

A 养殖区
B 健身区
C 休闲区
D 田事体验区
E 稻田区
F 观赏区

图 13

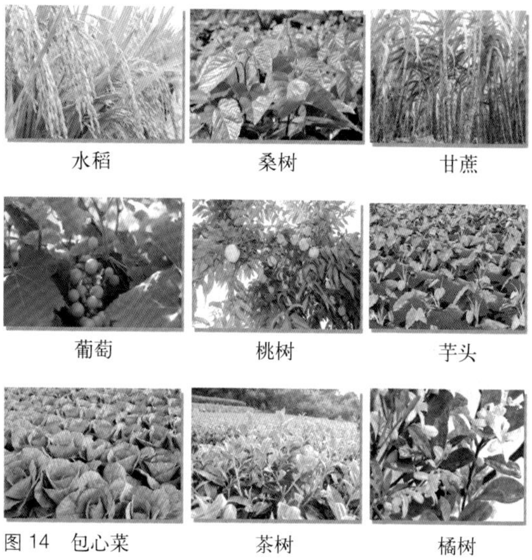

水稻　桑树　甘蔗

葡萄　桃树　芋头

图 14 包心菜　茶树　橘树

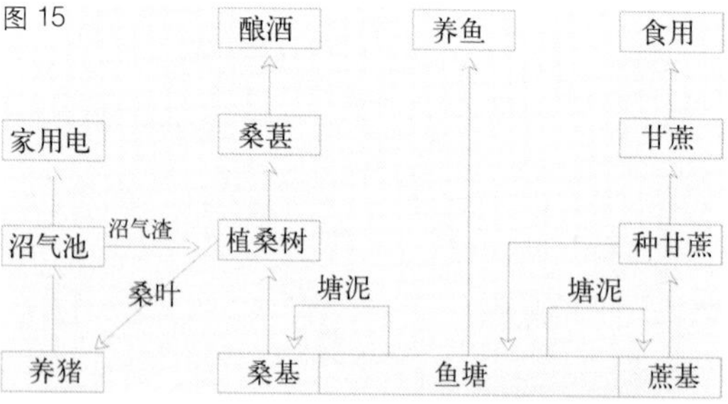

图 15

图 16

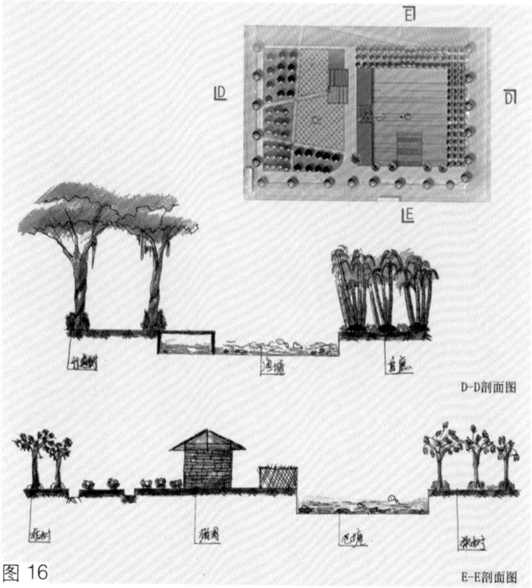

D-D剖面图

E-E剖面图

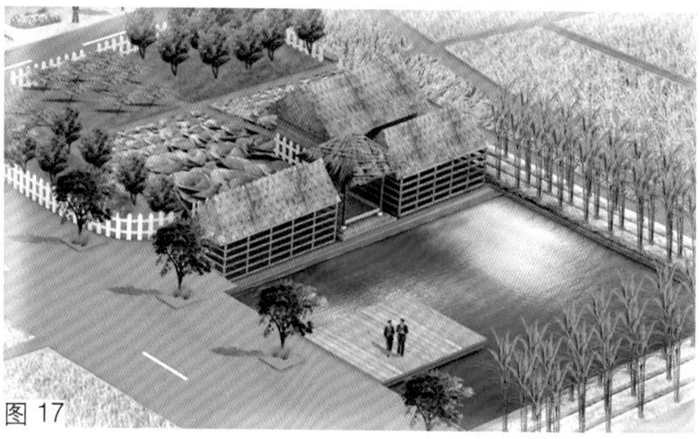

图 17

少国家能源利用的压力，低碳又环保。

2. 雨水的收集利用。雨水和废水的收集、储存、处理利用，雨水通过过滤管道流到地下蓄水池，经过过滤的净水可以用来饮用、做饭等，非净水一方面供给卫生间冲洗马桶，洗刷东西等，另一方面用来灌溉草坪与菜地，达到雨水回流滋养土地的目的。

五、局限与期望

本设计是我们进行新农村建筑与环境改造建设的一次尝试，如何让江浙一带的新农村的建筑与环境建设在绿色低碳的理念指导下进行，我们只是提供一种参考思路，在具体技术操作等方面我们还存在许多不足。我们希望当地政府对新农村建设中老百姓的居住环境加以重视，并希望全社会都要树立环保、低碳的生活观念，倡导节能、环保的自觉性。设计师作为节能工作的具体实施者之一，则首先应该解放思想，并且在设计实践中努力贯彻节能环保措施，积极探索研究节能技术，在住宅的建造和使用过程中走资源利用低、环境污染少、科技含量高、生态良性循环发展的这样一条新农村住宅环境发展之路。

参考文献

[1] 骆中钊. 新农村住宅设计与营造 [M]. 北京：中国林业出版社，2008.

[2] 陈静. 建筑设计基础：独院式住宅 [M]. 北京：中国建筑工业出版社，2009.

[3] 张奇. 建筑室内外效果图 [M]. 上海：上海人民美术出版社，2007.

[4] 郝峻弘. 现代农村环境色彩美学 [M]. 北京：中国社会出版社，2008.

[5] 杨旭东. 新农村房屋节能技术 [M]. 北京：中国社会出版社，2006.

[6] MIKAN. 住区再生设计手册 [M]. 大连：大连理工大学出版社，2009.

项目组成员名单
项目负责人：陈教斌
项目参加人：施文婷　刘　春　徐　丹
项目演讲人：陈教斌

城市设计的生态与文化资源关注

——北京盈科"1949 世外桃源"设计探讨

北京易兰建筑规划设计有限公司／唐艳红

城市设计的理想是创造良好的生活工作空间环境，将生态资源、文化观念和艺术结合到规划与设计之中，有助于美好景观塑造，这与城市规划中对环境美的塑造原则是相同的，正如 2005 年在我国建设部颁布实施的《城市规划编制办法》[1] 中所指出的："坚持五个统筹，坚持中国特色的城镇化道路，坚持节约和集约利用资源，保护生态环境，保护人文资源，尊重历史文化，坚持因地制宜确定城市发展目标与战略，促进城市全面协调可持续发展。"但是在快速城市化的进程中，建设并不总是遵循"最佳设计原则"，现代的城市化将目光更多的投向城市经济与功能的作用。遍及整个北京城，伴随着一座座摩天大楼从拆迁老城的灰尘中迅速升起，许多的生态资源和文化遗产在悄然的消失。

文化资源是那些能够用以促进城市发展的可共享的物质和非物质资源，包括文化创意，公共空间，开放绿地[2]。建于北京盈科中心南部的'1949-The Hidden City'——1949 世外桃源项目的设计力求在现代都市化的同时关注一段城市历史与文化

的保留，在高楼林立间创造了一个院落式的城市空间、并赋予其文化与生态气息，成功将 1949 年的一个三里屯工业区改建成为北京三里屯地区最具特色的集餐厅、休闲、酒吧、庭院、活动场地、画廊以及高级私人会所为一体的世外桃源，废弃厂房摇身变为院落园景的商业休闲小社区，实践可持续发展的城市空间设计、铭记老北京的一段丰富历史。

一、概述

北京盈科 1949 世外桃源位于北京的东三环内侧，毗邻三里屯。时光倒退至 1949 年，北京工业学校在市区东部的三里屯工业区成立了一家以研究机械设备为主的工厂，建为典型的 20 世纪 50 年代的砖木结构工业厂房，这便是本项目的所在地（项目也因此得名）。

将近六十年后，周边整个区域已经发展成为集繁荣的商业消费区、现代高层办公区与便利的交通位置于一体的 CBD 区域，而项目原用老厂区已废

图 1　建成后的"1949 世外桃源"镶嵌于北京东三环高级写字楼宇间

图 2　区域位置图

图1

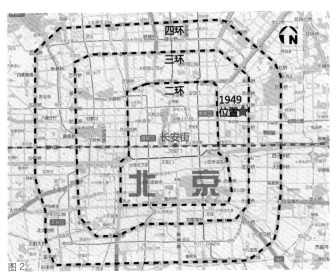

图2

图 3

图 5

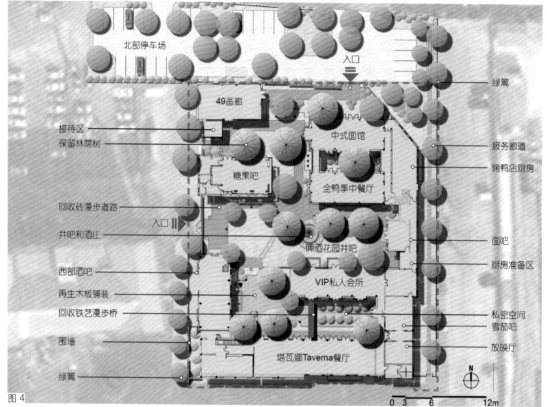

图 4

北部停车场

49画廊

接待区
保留林荫树

糖果吧

回收砖漫步道路
井吧和酒庄

西部酒吧
再生木板铺装
回收铁艺漫步桥

围墙

绿篱

入口
中式面馆
全鸭季中餐厅

啤酒花园井吧

VIP私人会所

塔瓦娜Taverna餐厅

绿篱
服务廊道
烤鸭店厨房

面吧
厨房准备区

私密空间
雪茄吧
放映厅

N

0 3 6   12m

弃多年,总占地面积约 6000m²。ECOLAND 易兰规划设计院担纲了本项目的总体规划、建筑及景观设计工作。

二、整体规划

设计团队根据项目现状、地处城市中心高消费商务区和前卫文化聚集地的区位特点,以及将厂房功能转换为时尚商务会所的要求,提出了"生态与重生"的设计改造主题,希望通过城市设计创作良好的空间环境,将艺术和文化观念结合到规划与设计之中,塑造美好的景观,焕发老厂房最大的潜力。在确立以"生态与重生"的设计理念后,设计师对旧厂房内现状进行了细致分析,并且将可利用的资源悉数梳理出来。设计团队决定在保护现有大树和厂房历史文化痕迹的基础上,保留原有 10 栋厂房位置基本不变的格局,通过建筑体量和交通路径的重新组织,创造出主次分明的总体关系,转折递进的空间序列,以及内外流通的互动空间。主要功能空间为六间餐厅、画廊、酒吧以及一个高级私人会所及画廊。

三、功能分区

根据功能要求,本项目需要将原本单一功能的厂房重新设计成为多功能的现代会所,集合了艺术画廊、阳光室、中餐厅、西餐厅、贵宾室、面吧、酒吧、屋顶集会露台以及由原冷却水井改造的井吧等功能区,以满足多样化的需求。

各功能区有相对独立的界定,同时以窗户、绿植缝隙、景墙等元素带来一定的渗透性,保持了整体空间的流畅感,廊道则将各个区域串联成一个整体；框景、落地玻璃等方式使内外空间彼此对话；庭院餐饮、交通景桥、屋顶平台等在不同标高上的设计丰富了竖向的空间层次，创造了多种空间活动模式，并增加了可使用面积。这些设计手法使1949会所在有限的区域内得以灵活地适的应各种使用功能和空间的需求，显现出丰富的空间效应。

四、生态理念

现场最主要的生态资源是具有60年树龄的十几棵榆树（*Ulmus pumila*）、毛泡桐（*Paulownia tomentosa*）和臭椿（*Ailanthus altissima*），按常规本算不上珍贵树种或古树名木，是可以在重新规划平面布局时不予保护的，但设计团队从生态的角度出发，巧妙地规划平面布局，将所有大树保留并且在施工期加以保护，使其融入新设计环境。这些树木在项目建成初期就为游人提供浓密夏季遮阴，原有多棵的高大树木不仅加强空间之间的亲密感觉，也成为更大区域的城市绿肺，过滤城市每天面临的空气污染。大树的完整保留利用使得户外院落成颇具人气的露天餐饮区，通过雕塑和景观小品的补充，整体环境充满幽雅的艺术氛围。整个1949园区被掩映在郁郁葱葱的绿色中，成为一个隐于闹市的世外桃源。

由于现有旧建筑已不符合现代建筑标准和新的功能需求，项目要进行加建或材料转变，但尺度和形态仍和原建筑风格统一。设计团队根据原工厂建筑平面分析，最大限度地让新建设减少对旧场地干扰。如内院的咖啡吧采用了双层Low-E玻璃幕墙与深灰色钢结构框架相结合的方式与原有砖房对接，将原有大树保留，通过玻璃盒顶的开口让其继续生长；在旧建筑屋顶设置的采光天窗和简约的木质窗框百页，将场地现状的浓密绿荫有机地融合起来，与质朴的红色砖墙及灰色瓦顶共同形成了一个内外一体，生态重生的场所。

五、文化资源关注

1949年是建国之年，伴随着那个时代的建设，这个废弃的厂房保留了建国初期的一段历史与文化，院落虽然今已荒芜，设计团队在设计中尽可能保留利用了一些地基和墙体材料，并将拆除的砖瓦、梁木、钢板加以利用，院落式布局和材料都体现了设计师为保留可以追寻的历史文化痕迹的良苦用心，建筑主体的改造强调"整新如旧"。在基本保留原有布局的大型上规划，将一些原有建筑进行加固和再利用，原建筑多为砖木结构，由砖墙承重；改造后的保留建筑基本为混凝土框架结构，砖墙主要起维护的作用，而且原被拆除的老砖也重新被利用来砌筑墙体或作为铺地材料。又如现场有一口废弃的工业用井，设计团队将其

图6

图 7

图 8

图 9

图 10

图 11

地下部分改造成酒窖，地上部分设计成露天吧台，既保留了当年历史痕迹，又适应了现代和酒吧街社区文化的功能要求。

六、建筑、园林设计特色

整个项目的游客线路是由设计引导的流线，停车后通过墙、植物、灯光、标识、雕塑将来客从入口引导进来；首先画廊作为序曲、咖啡吧为前奏；中西、特色餐厅以及商务会所为主要的室内商业空间；户外酒吧、屋顶集会空间为高潮，加上树荫和完美的灯光，使建筑呈现出别致而浪漫的氛围。建筑材料上尽可能的使用了原址的建材，加以玻璃、钢材，配上廊道、雕塑和植物，既保留一些城市历史的痕迹，同时也展现一个当代风格的建筑。

（一）49 画廊

在 1949 世外桃源项目中，"49 画廊"占据了最重要的入口地段，是每位顾客的必经之地。画廊沿用了部分玻璃幕墙的设计方式，屋顶亦采用玻璃材质，形成良好的自然光效果，以便使画廊内的作品展现其最自然的一面。这个空间内主要以展示中国当代艺术为主，反映中国艺术从过去的 20 年至今脱胎换骨的变化，来客进来后，在等朋友或等待服务生引导到所预定的场所的同时，可以欣赏当代中国风格的艺术作品。

（二）咖啡吧／糖吧

咖啡／糖吧的整个空间都是利用原有厂房的钢架结构搭建而成，采用了双层 Low-E 玻璃幕墙。这样的设计方式让玻璃屋子具备了空间实体的形态，良好的通透性又扩大了玻璃房子的内部空间，并把内外空间通过"张望"的方式相联系，给使用者一种"空间变大"的错觉。春夏季节可以将落地窗开启，使室内与庭院融合在一起，再结合郁郁葱葱的植被和艺术气息浓烈的雕塑作品，为来客带来一种休闲的新体验。而在秋冬季节可以将落地窗，客人在温暖的室内空间中可以享受咖啡所带来的浓郁芳香，更可以观赏庭院内的别致雪景。

（三）餐厅

"塔瓦娜 Taverna"餐厅是院落内的特色西餐厅，采用了地中海的乡村风格，空间的开放性设计也是这种风格的显著特色之一。这里有深色的橡木地板、木质的餐桌和宽大的皮质沙发，更有超高天花板营造的广阔效果。这种开放性效果塑造出空间的延伸和拓展，再加上吧台、开放式厨房的高低层次，空间结构富有生机和活力，进而延伸出宽阔的视角。

中式餐厅 de Chine 的烤鸭店是北京最时尚，最具创新性的烤鸭店之一，入口的雕塑装饰暗示着菜谱上著名的木烤炉烤出的北京鸭菜。室内灯光色彩和室外的景色构成和谐的呼应。

（四）空间转换

对于会所内不同功能空间的转换设计师也做了创新的尝试，由于庭院内的空间受到原有建筑格局的影响，空间层次不够丰富，设计师利用原有厂房的砖体和木板进行了地面的重新铺装，木板的视觉延伸效果给整个空间增添了纵深感，砖体的规律铺装使得整个庭院层次分明。在来客进入会所内部的走廊处，设有推拉铁门，增加私密感，变化了标高的走廊两侧增设了中国特色的雕塑作品，这些艺术作品被有规律地排列于廊道两侧，让客人在行走过程中享受一种艺术与韵律的美感。

（五）院落形态

1949 世外桃源人员密集、使用频繁，借助院内交通路线与室外楼梯的布局，形成了动静相宜的空间布局。静态上有玻璃屋子，动态上则通过视点的移动与蔓延所形成的空间效果，从每个角度观看都具有不同的风景，强化了古典园林步移景异的感受，休闲与放松的基本诉求得到满足，提升了现有环境品质。推拉式窗棂，连接了流动的空间，享受着功能的连续性与丰富性，仿佛回到现代主义建筑大师密斯·凡·德罗的建筑空间之中，古典韵味十足。

七、综合效益

在城市化建设进程中，采用景观生态学的理念和方法，鼓励和发扬地方特征、文化历史固然重要，这样能够更接近可持续发展的目的。而更重要的是要通过一种全面、合理的设计方式解决每个项目特有的矛盾。ECOLAND 易兰的主创团队在此项目中规划、建筑、景观专业紧密配合，对于场地的分析

也不局限于单一的景观环境中，同时注重附近区域的具体发展状况。

生态效益：城市设计需要慎重处理人与环境的关系，例如旧厂房建筑砖墙的再利用，在建设过程中对场地的原有的植被进行细致的调查、严格的保护大树，合理的雨水收集排放，将工业废弃水井改造为露天吧台和储酒地窖等等，在最少破坏原址生态环境的基础上因地制宜地进行建设。

社会效益：本项目建成后，每日临近午时起直至深夜开放以其特有的节奏为来客提供午晚餐等非凡享受，食客如潮，迅速成为社区的自豪和市中心区的一个旅游地点，成为全市范围内闹中取静和夜生活的主要吸引场所，带来不少积极的新闻起到正面推动作用，促使周边地区伴随着旅游建设，改善基础设施。

经济效益：有文化创意的建筑特色和空间特征都可以在经营意义上反映出来，配以其现代化的设施，成效是显而易见的，这个新的城市综合体已收到建设投资的良好回报效益，并且日前在北京金宝街的 1949 再一次复制成功。

北京盈科 1949 世外桃源隐藏于闹市中，整体建筑和园林融汇了现代设计理念与东方意境之精髓，保留了老北京的记忆，而且处处洋溢着古老的魅力，同时是通过设计团队在规划、建筑设计、园林设计中的创新和文化、生态意识的规划和实施文化、生态意识的规划设计战略的体现，各式自然元素的运用赋予建筑灵动的韵律，创建了古老文化和青春活力和谐混搭的一个迷人地方。设计不仅是环境的改造和优化，更要通过设计引导周边社区的良性循环，合理规划建设的项目将带动周边良性发展并取得良好综合效益。

参考文献

[1] 中华人民共和国住房和城乡建设部.城市规划编制办法（第四次修订版），2005.

[2] 黄鹤.文化规划——基于文化资源的城市整体发展策略.中国建筑工业出版社，2010.

第九届中国（北京）国际园林博览会园区绿化景观设计

北京市建筑设计研究院有限公司景观建筑规划工作室／张　果　孙志敏　李明媚

一、项目概述

第九届中国（北京）国际园林博览会，位于北京市丰台区永定河以西地区，北至莲石西路，西至鹰山公园西墙，东临永定河新右堤，南到规划梅市口路，西南接射击场路。园区规划面积为267hm²，加上246hm²园博湖，总面积约为颐和园的两倍。在2010年1月20日，住建部正式致函北京申办成功。

二、场地分析

北京园博园选址区域原来是永定河的老河道，20世纪七八十年代由于挖砂，形成了深30多米、面积150多亩的大沙坑，后来逐步变成了建筑垃圾填埋场。北京园博会是继北京奥运会后，北京另一盛会。我们办园博会不是目的，而是推动区域发展的一种手段，通过北京园博会的举办，达到改善城市生态环境、提高人居质量的目的；有利于改善永定河生态环境，打造"化腐朽为神奇"的生态修复新亮点；并以此为契机推进永定河绿色生态发展带建设，带动沿岸开发建设和产业升级，实现"以园办会、以会兴业、以业富民"的目标。

园区场地狭长，现状条件较为恶劣，是建筑垃圾填埋场，并伴有少量生活垃圾，场地西北是鹰山森林公园主山，山体相对高差60m左右，山上植被良好，场地东侧有规划高架京石高铁横穿用地。

场地东部、北部为永定河主河道，已常年无水，河道干涸，生态环境较差；隔河相望为南大荒公园和永定河东堤，现为苗圃地和河道绿化地；场地西部射击场路西侧地块现为首钢料场用地，规划为中关村科技园区丰台园西区用地。

三、规划理念及原则

在规划初期确定了"文化传承、生态优先；服务民生、永续发展"的规划理念，并在此理念上确定了五大规划原则：（1）功能齐全，设施完善，满足会展需求；（2）主题突出，特色鲜明，表达展会理念；（3）文化建园，贴近百姓，体现地域文化；（4）生态环保，注重科技，提倡创新应用；（5）延展理念，拓展功能，确保展后利用。主要体现在"园林文化百科、多彩魅力体验、化腐朽为神奇、展示先进理念、展现地域文化、促进区域发展"的六大规划特色中。

四、总体布局及结构

根据场地的特色以及规划的理念及原则，在规划设计总体布局上呈现"一轴，两点，三带，五区"结构。

图1

一轴：园林博物馆至功能性湿地区的东西向景观轴线，串联起不同展园，同时也是贯穿全园的重要快速交通流线。

两点：是位于鹰山脚下的园林博物馆和由建筑垃圾填埋坑改造的锦绣谷。中国园林博物馆是第九届中国（北京）国际园林博览会的一个重要组成部分，是国内第一座以园林为主题的国家级博物馆。锦绣谷结合现状占地10hm²的建筑垃圾填埋坑的改造修复，利用其20m高差将其调整为逐层下落式的台地形式，并利用这些台地布置展园，形成"园林多宝格"。

三带：三条联系园博园和永定河的景观绿廊。三条景观绿廊设置是根据规划的中关村科技园区丰台园西区道路规划，由于场地平面呈条带形状，为加强园区与永定河道的景观联系和划分空间的要求，结合园区主出入口布置三条功能性绿色景观带，满足会期间的快速集散要求，同时在会后也可以成为城市与自然的重要联系纽带。

五园：由园林博物馆和三条景观廊道划分出的五大区域，其中一个区域为功能性湿地区，其他四个为园博会展区，分别是传统展园、现代展园、创意展园、国际展园和湿地展园。

五、竖向规划

园区竖向规划可用一句话来概括：延山，调谷，整治河道。延山：修补西侧地块山体东西两侧破损处，使山体向东西延伸与平地自然相接，形成东西走向山脉形势，使之与东侧地块自然过渡。调谷：结合建筑垃圾填埋，在东侧地块适当调整现有大坑，结合本地块南北部分地形处理，形成东西走向的谷地景观。一方面适当遮挡南北方向不佳远景，另一方面丰富整个场地地形变化，为各省展园的塑造提供良好的环境条件。整治河道：永定河此段河道长4.2km，面积为246hm²。因此处防洪等级很高，河道内不允许搞任何永久性建构筑物。因此，规划中对河道地形进行适当整理整治，营造九曲河流穿草甸的景象，隐喻永定河被称为"小黄河"的历史典故。并在近锦绣谷段增加水面面积到90hm²，弥补园区内没有较大水面的遗憾。

六、水系规划

北京是一个极度缺水的城市，所以在园区的水系规划中未设计规模较大的景观水面，园区水系规划强调源流、东西贯穿；强化主轴、丰富景观；汇

图2

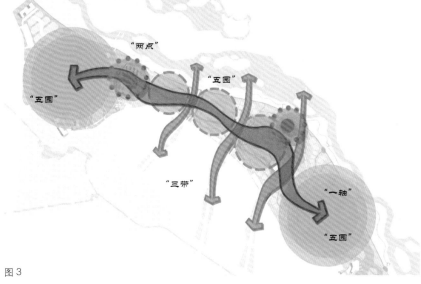

图3

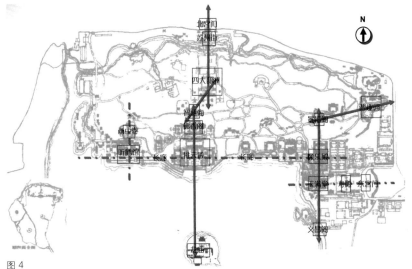

图4

集雨水、体现生态。主轴边缘的公共绿地设置雨水花园，雨季时，雨水流入雨水花园，形成植物层次丰富的湿地景观，并可以进行雨水回收，旱季时雨水花园内的植物与卵石形成旱溪景观，丰富了轴线的四季景观。

同时园区采用雨水回收、雨洪利用等手段实现雨水零排放，回收的雨水用于植物的灌溉和地下水位的补充，希望可以对北京雨水资源的利用起到一定的示范作用。

图1　园区总平面
图2　规划前现状图
图3　一轴两点三带五园
图4　颐和园轴向转折

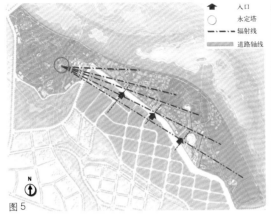

入口
永定塔
辐射线
道路轴线

图 5

图 6

七、主展区公共区域规划设计

主展区的公共区域是整个园区中相当重要的一部分，这部分的设计不仅要体现六大规划特色，还要为各个企业、城市及国家展园提供良好的创作空间，更主要的是从人性化的角度出发，给游人以舒适的游览体验。

（一）园博大道（一轴）

园博大道是园区总体布局中最重要的、也是主轴线。园博会展览时间在 5 月份到 11 月份，正是北京日照比较充足的时间段，加之现状地形弯曲狭长，如何避免流线过于冗长、游客过于疲劳的同时增加游览的舒适性，园博大道的处理方式尤为重要。

场地的现状局限了只能设计东西向的轴线，为

了避免常规的做法的轴线的单调，学习借鉴了颐和园的轴线转向，并在此基础上解析，用现代手法处理，园博大道不断地转向，不断地指向全园最高点永定塔，形成了"五路通塔"的平面布局，也形成了园区整体的山水格局和整体空间架构。

将园博大道视为中国传统园林中的河道，而各类展园通过"河道"园博大道合理组织架构，同时在河道中增加了"岛"的做法，园林景致掩映其中。各大园林展区通过分区入口串联在园博大道上，人流汇集处（大门入口、园区入口及服务区周围）轴线局部放大，形成港湾，设林荫广场；人流迅速通过处收紧尺寸，把空间让给绿化。

轴线采用人车分流，不同铺装材质区别道路的不同功能。轴线铺装功能决定形式，轴线边界一直一曲，宜宽则宽，宜窄则窄。"直"一侧方便电瓶车的通行，解决长距离展园的参观问题，"曲"则是绿地与铺装相互渗透，完成了空间上的交流与沟通，能更好地使主轴景观绿化和展园的绿化相互渗透，使人游览时能体会园林美好意境。

轴线的铺装上线型种植冠幅较大的落叶乔木，在明确流线的同时也有遮阴的效果，增加游览时的舒适性。在电瓶车道外侧的轴线铺装上留出视线通廊，利用规则种植，使朝向塔的空间适度开敞，把永定塔借景到园中，并在空间许可的范围内设计种植灌木的绿岛。轴上的树阵与服务区内的树阵相互呼应，形成引导轴上面对服务区的树阵，树阵留出适当退让的空间，并设计有足够厚度弧线种植隔离。

（二）展园分布

各展园分布是第九届中国（北京）国际园林博览会的最重要的规划，展园分区以园博馆为起点，结合总体布局，以从古到今的时间序列和由国内到国外的空间序列进行展园布置。

国内展园面积分为 800~3000m^2 不同地块类

鹰山 永定塔　　展园　　永定河
视线

图 7

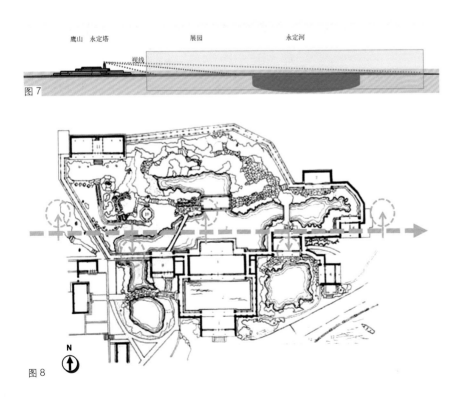

N

图 8

型共 77 个，国内展园又细分为传统园林和现代园林两个类型，各个城市可根据各自的需求选择一个或多个地块，并且估计集中建园、以省建园，可以让各个城市或区域最大限度地展示地方园林特色。在以往的园林博览会中，各个展园间由于距离过近，互相之间相互影响，从而破坏景观的完整性，所以此次展园布置时，建议相同风格的城市园林成组团分布，严格对各个展园进行控高，并且展园间留出 10m 宽度的过渡区域，利用微地形和种植，减弱或消除展园间的不良影响。

以往历届园博会中，国际展园面积相对较小，所以只能对一两个园林特色进行展示。本届国际展园布置时根据世界园林三大体系设置 8000~50000m² 三个地块，这样可以系统展示国外园林的特色，让游人对于东方园林、伊斯兰式园林及欧式园林有更全面的认识，同时也有利于会后利用。在国际展园周边设置国际展览小花园，国际展览小花园面积在 50~200m² 之间，相对历届建设投资更少，可以吸引更多国家及世界城市参与其中。

企业设计师展园是历届园博会的重头戏，不仅设计师可以自由的表达，而且还能在一定程度上影响着园林设计的发展趋势，企业设计师园分为大师园和设计师园两部分，大师园面积 2500m²，设计师园面积 1000m²。位于高铁、锦绣谷和园博湖三者所形成的三角地中，个别区域高差达 2m，在有点出难题的恶作剧同时，更希望如此复杂的现场条件可以给设计师带来灵感，留下经典的作品。

（三）展园间公共区域

园博园整体是条状地块，展园分布是成组团布置的，园博大道是主要交通流线时，展园组团内的道路及广场需要承担起辅助的交通流线及休憩空间的功能。

展园间公共区域应该像一块画布，每个展园是其中的色彩和亮点，展园间公共区域设计不能喧宾夺主，在设计时仅考虑功能性，铺装材料选择透水混凝土、灰砖等材料，整体颜色上不跳脱，也不会与展园有颜色冲突。在场地允许的区域增加小广场和休憩座椅、廊架及相关服务设施，便于会时人流的集散，同时也可以举办小型的表演。展园间公共区域的功能要求它有辨识性，所以广场铺装采用辨识度较高的铺装形式，便于与各个展园区分，让游人在游览时明确自己的位置。铺装、种植、构筑物均以模数化控制在展园间广场分布，也是增加展园间广场的辨识度的另一种方式。

图 9

图 10

图 11

图 12

八、结语

北京地区的园林最早见于《战国策·燕策》，记载的多是观台宫苑，当时燕国的碣石宫可以说是北京最初的园林形式。唐之前北京园林多以开发风景为主，入唐以后园林寺宅记录增多，遗存至今的天宁寺、卧佛寺、戒台寺等都是隋唐始建。如果说战国隋唐拉开了北京园林的序幕，那金代无疑是北京园林史上建园的第一次高潮，是一个奠定早期基

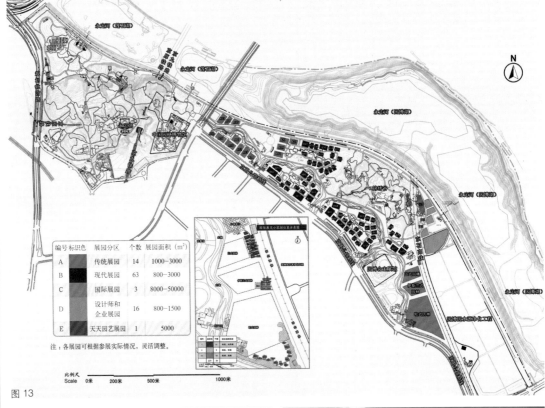

编号	标识色	展园分区	个数	展园面积（m²）
A		传统展园	14	1000～3000
B		现代展园	63	800～3000
C		国际展园	3	8000～50000
D		设计师和企业展园	16	800～1500
E		天天园艺展园	1	5000

注：各展园可根据参展实际情况，灵活调整。

比例尺
Scale　0米　　200米　　500米　　　1000米

图 13

图 14

图 15

础的时代，北京地区园林及风景点主要奠基于金代，也是开始兴建皇家园林的开端。明清时期，北京兴建皇家园林达到了鼎盛时期，全园布局采取中轴对称的形式，并在审美情趣上接受了不少文人园林的标准，"兼有南方之秀、北方之雄"是北京园林的艺术特色，所以北京园林在中国园林史上占有最辉煌的一章。

生产力的快速发展，让人们更关注生活环境。近些年来园博会的展开，正是社会时代需求的反映。汲取传统园林中的精髓，用现代的技术、材料及现代人习惯的空间尺度进行诠释，让其在保留传统园林韵味的同时，又不缺乏时代的气息。北京园博会的建设是这个时代发展的重要印记，也是北京建园史上的崭新篇章。

参考文献

[1] 促进城市南部地区加快发展行动计划

[2] 章俊华 .LANDSCAPE 感悟 . 2011（1）:214-219.

[3] 王向荣 . 园林展及其意义 . 景观设计，2006（5）:22-25.

[4] 约翰·O·西蒙兹 . 景观设计学——场地规划与设计手册，2000（8）:113-130.

[5] 诺曼 K·布思 . 风景园林设计要素，1989（7）:43-65.

[6] www.expo2013.net/

[7] 赵兴华 . 北京园林史话 . 1994（9）: 1-4，13-23.

昌吉市延安北路街道景观环境整治规划

中国城市规划设计研究院风景园林所／梁　庄　王忠杰

　　街道是城市中由建筑、道路、绿化、设施等要素构成，为人们感知的带状空间，承载着城市交通组织、公共活动、形象展示功能。随着我国城市化进程的不断推进，许多城市纷纷对城区重要街道环境实施综合整治，作为提升城市功能品质的重要措施。近年来，本单位陆续完成了北京、新疆、山西等地不同类型的多项街道景观环境整治规划，形成了一定的积累。本文以2012年完成的新疆昌吉市延安北路景观环境整治规划为例，对商业性街道景观环境整治规划进行研究与探索。

一、项目概况

　　昌吉市是新疆维吾尔自治区昌吉回族自治州首府所在地，距离自治区首府乌鲁木齐市市区约20km，是新疆知名的园林城市与宜居城市。延安北路位于昌吉老城中心，全长1.8km，早期两侧以州委、州政府、州局委办、州医院等单位与配套住宅为主。1990年代以后，商业功能日益加强，沿街大型商场与零售商业不断建成，逐渐成为昌吉市最具人气的商业街道。

　　延安北路由于建成时间较早，建筑形象、街道设施等较为陈旧，道路断面、交通组织等方面也难以满足城市高品质商业街道的要求。本次规划在现场踏勘、资料收集基础上，针对延安北路沿街居民、单位进行公众访谈与问卷调查，梳理明确街道整治改造中亟待解决的问题。

　　1. 交通组织难以满足商业街道需求。延安北路采用三块板的道路断面形式，辅路、人行道等空间均被机动车占据，机动车主导的交通模式限制了街道商业品质的提升。

　　2. 街道公共空间品质较低。延安北路街道人

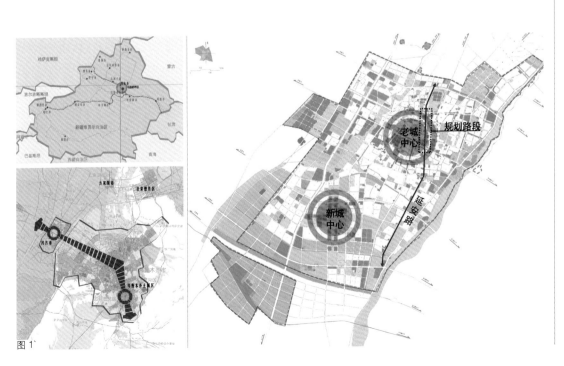

图1　区位关系图

图1

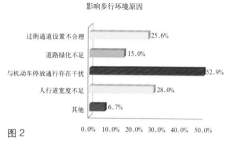

影响步行环境原因

图2

过街通道设置不合理 ▇ 25.6%
道路绿化不足 ▇ 15.0%
与机动车停放通行存在干扰 ▇ 52.9%
人行道宽度不足 ▇ 28.0%
其他 ▇ 6.7%

0.0% 10.0% 20.0% 30.0% 40.0% 50.0%

对道路不满意方面

图3

雕塑小品 ▇ 9.9%
标识指示设施 ▇ 13.4%
服务设施(垃圾箱、邮筒等) ▇ 16.0%
休憩设施(座椅等) ▇ 50.9%
缺失 ▇ 9.9%

0.0% 10.0% 20.0% 30.0% 40.0% 50.0%

建筑形象存在问题

图4

广告设置杂乱 ▇ 25.6%
建筑立面过于单调 ▇ 16.4%
文化内涵展现不足 ▇ 23.7%
建筑形象缺乏亮点 ▇ 43.2%
建筑立面不够统一 ▇ 29.6%
建筑立面陈旧 ▇ 38.9%
其他 ▇ 3.4%

0.0% 10.0% 20.0% 30.0% 40.0% 50.0%

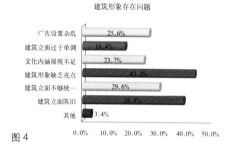

行空间狭窄，沿街公共空间设施配置不足，难以满足商业街道对环境舒适性的较高要求。

3.街道建筑界面杂乱陈旧。延安北路沿街建筑面貌陈旧、色彩缺乏协调、夜景亮化不足，广告牌匾设置凌乱、遮挡建筑主体，不利于形成整洁美观街道景观。

二、规划定位与框架

商业街道具有自身特有的功能、交通特征，也对景观环境提出了特定要求。规划通过对国内外类似商业街道的研究，结合延安北路实际情况，提出"舒适宜人的公共空间、协调亲切的建筑界面、慢行优先的交通模式"的规划准则，以及"繁华商街、城市客厅"的规划定位，指导延安北路街道景观整治规划设计工作。

规划在保证街道景观整体协调的基础上，分为建筑立面、园林绿化、公共空间、道路交通、街道设施、夜景照明等专项整治内容，以便向各专业负责部门提出清晰明确的规划要求。

三、规划措施

(一)优化道路断面，改善慢行空间

针对现状道路人行空间不足、辅路利用效率较低等问题，充分考虑商业中心区交通出行特征，将道路断面形式由三块板调整为一块板，既保持现有机动车道不变，又将两侧机非隔离带、辅路与人行道合并作为慢行道，为形成舒适优美的慢行交通环境提供充足的空间。

规划慢行道分为内外两个层次，内侧空间结合商业建筑界面安排休憩设施，改造现状行道树，形成由乔木、花灌木组成的多层次绿化景观带，创造宜人的休憩空间；外侧空间设置人行道、自行车道、

图5

宏观认知 — 总体整治策略 — 规划准则 — 规划设计指引
宏观认知 — 总体整治策略 — 规划策略
规划定位 — 专项整治规划 — 建筑立面 园林绿化
规划定位 — 专项整治规划 — 道路交通 夜景照明
规划定位 — 专项整治规划 — 开放空间 设施小品

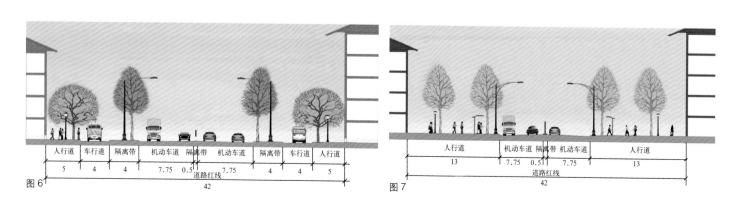

| 人行道 | 车行道 | 隔离带 | 机动车道 | 隔离带 | 机动车道 | 隔离带 | 车行道 | 人行道 |
| 5 | 4 | 4 | 7.75 | 0.5 | 7.75 | 4 | 4 | 5 |

道路红线
42

图6

| 人行道 | 机动车道 | 隔离带 | 机动车道 | 人行道 |
| 13 | 7.75 | 0.5 | 7.75 | 13 |

道路红线
42

图7

公交港湾、地下通道入口、街道设施等，增设行道树，形成舒适的林荫慢行空间。

（二）增设街头绿化空间

通过拆除临时建筑增设绿地、改造建筑前公共空间、提升老旧绿地品质等方式，提供一系列适于市民活动的小型绿化开放空间，进一步丰富美化沿街景观。

（三）整治建筑立面

规划针对现状建筑立面老旧、广告杂乱、色彩缺乏协调等问题，对沿街建筑采取清洁粉刷、材质色彩调整、清理规范构件、立面改造、沿街店面改造、整体拆除等整治方式，塑造整洁、协调、亲切的高品质街道建筑形象。

清洁粉刷：对于造型清晰，色彩与整体街道景观协调统一，立面效果较好的建筑单体，采用立面清洁或粉刷等措施进行整治。

材质色彩调整：对于造型清晰，但色彩与整体街道景观不协调，或立面效果陈旧的建筑单体，采用调整色彩、替换材质等措施进行改造。

清理规范构件：对影响建筑立面效果的广告、牌匾、雨棚、空调室外机等各类构件设施，在确保实际功能的基础上进行清除与规范。

立面改造：对立面整体效果尚可，但仍有提升余地的重要公共建筑，采用立面改造的方式，在保持原有建筑特色的基础上进行重点改造，提升立面效果，形成街道建筑亮点。

沿街店面改造：对沿街店面广告、牌匾、雨棚、橱窗等元素进行整体设计，形成多样化的底层商业界面，创造丰富的街道步行体验。

整体拆除：对个别严重影响街道景观环境，质量较差的低层建筑进行拆除。

（四）优化交通组织

规划考虑到延安北路以商业休闲为主的街道功能，提出以保证人行空间舒适安全为前提，尽量提高机动车通行效率，适度满足停车需求的交通优化策略。

规划结合道路交通专项规划要求，对延安北路沿线交叉口进行渠化改造，并将港湾式公交站点位置统一调整至道路交叉口出口渠化段，提高道路整体通行效率。

规划取消延安北路沿街停车位，严格限定建筑前停车范围数量，同时增设支路路侧停车位、地下停车场，鼓励沿街单位分时段开放内部停车场，在

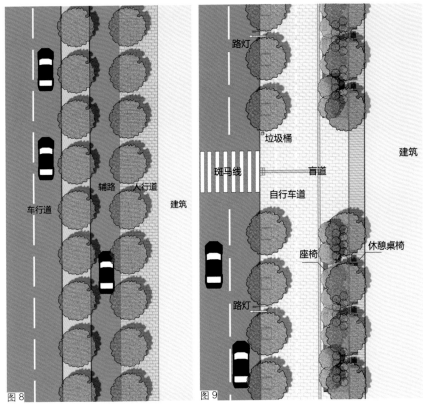

图8　　　　　　　　　　图9

图10

图11

保证街道景观环境品质的基础上适度满足商业中心区停车需求。

（五）街道设施

规划按照服务设施、公共艺术、交通设施三类系统安排街道设施，保证街道设施布局合理、功能完善。在此基础上，规划对街道设施风格、色彩、

图2　机动车侵占人行空间
图3　公共空间品质较低
图4　建筑界面杂乱陈旧
图5　规划设计指引框架图
图6　现状道路断面图
图7　规划道路断面图
图8　现状典型路段平面图
图9　规划典型路段平面图
图10　人行空间整治前情况
图11　人行空间整治效果图

图 12

图 13

图 14

图 15

图 16

图 17

图 18

图 19

图 20

图 21

图 22

图 23

图 24

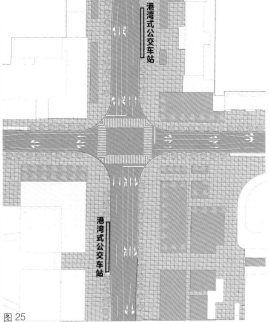
图 25

材质提出统一要求，并以"丝路文化、回乡风情"为主题，以民族特色纹样为特色元素，对主要街道设施进行设计，形成体系完善、特色鲜明的街道设施体系。

（六）夜景照明

规划以树立城市形象，方便、美化夜间生活为原则，对延安北路的建筑照明、交通照明、环境照明提出分类指导，提升道路整体的夜景照明效果。

建筑照明分为上、中、下三层，顶部采用高亮度照明，对车行尺度形成视觉吸引；中部采用中亮度照明，突出建筑体量感，表现建筑特色造型；底部采用低亮度照明，以广告标识和功能照明为主。交通照明分为内侧、外侧两列，外侧路灯主要提供车行道照明，亮度与照度满足国家规范要求；内侧路灯为慢行道提供照明，营造温馨的生活氛围。环境照明主要结合各开放空间节点设置，入口处选用特色景观灯具加强标志引导性，并针对花廊、旱喷、树池、坐凳、景观小品等不同照明对象采用多样化照明手法。

图 26 停车系统规划图
图 27 街道设施设计示意

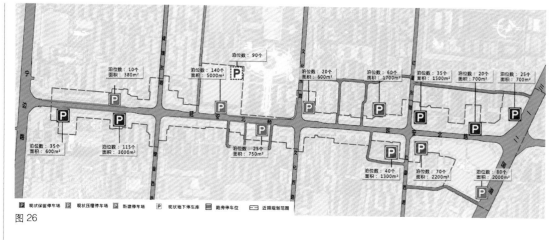

图 26

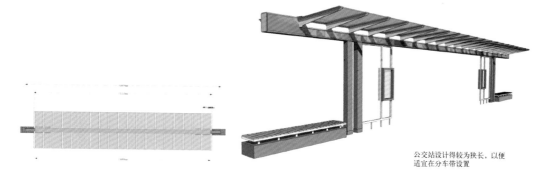

公交站设计得较为狭长，以便适宜在分车带设置

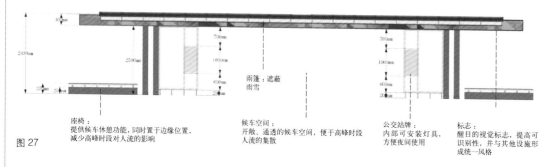

图 27

座椅：
提供候车休憩功能，同时置于边缘位置，减少高峰时段对人流的影响

候车空间：
开敞、通透的候车空间，便于高峰时段人流的集散

公交站牌：
内部可安装灯具，方便夜间使用

标志：
醒目的视觉标志，提高可识别性，并与其他设施形成统一风格

雨篷：遮蔽雨雪

四、结语

城市商业街道往往是城市服务功能最为聚集、市民活动最为集中的地区，也是城市对外展示形象的窗口，其整治改造对提升城市形象、促进城市更新具有重要意义。本文通过对昌吉市延安北路街道景观环境整治规划项目的总结，进一步提出城市商业街道景观环境整治的一般原则，为其他类似规划工作提供参考借鉴。

1. 城市商业街道可根据实际情况，通过控制机动车停车、鼓励公交出行等措施适当限制机动车交通，条件成熟时可采用完全步行街、公交步行街等形式，缓解中心区交通压力，提升街道景观环境品质。

2. 城市商业街道作为城市重要的公共空间，在整治过程中应积极增加街头开放空间，完善街道绿化、铺装、设施，形成舒适优美的城市公共空间。

3. 建筑界面作为塑造商业街道形象的重要因素，应在保持现状特色的基础上，通过色彩调整、立面改造、夜景亮化、广告牌匾清理规范等方式进行改造整治，使街道建筑界面更加协调统一、整洁美观。

4. 城市商业街道是经过长时间自发形成的"有机体"，应尽量采用小规模渐进式的更新整治，慎重进行大规模改造，避免城市社会、功能、空间的割裂。

项目组成员名单
项目负责人：梁 庄 陈 新
项目参加人：刘 嘉 林 旲 于 涵 杨 芊芊
李 泽
项目撰稿人：梁 庄 王忠杰

杭州西溪国家湿地公园污水排放系统简介

杭州园林设计院股份有限公司 ／ 铁志收

风景园林工程是理景造园所必备的技术措施和技艺手段。春秋时期的"十年树木"、秦汉时期的"一池三山"即属先贤例证。现代的竖向地形、山石理水、场地路桥、生物工程、水电灯讯气热等工程均是常见的配套措施。

一、概况

杭州西溪国家湿地公园位于杭州市西郊，是一个以湿地保护为目的的大型湿地公园。年游客量100万以上。

西溪湿地原为杭州城郊农村居住区，随着居住人口的增加，加上当地居民在湿地中发展养殖业，生活污水与养殖污水一并排放入湿地水系中，大大加剧了湿地系统的水质污染，局部湿地成为臭水塘。

从2003年起，杭州市政府决定对西溪湿地进行保护性开发，重点是将原有农居点迁出，并将其开发成为一个开放性的湿地公园。在2004～2005实施了西溪湿地综合保护一期工程，并在2006～2010年持续实施了西溪湿地综合保护二、三期工程。

杭州西溪国家湿地公园是国内出现较早的城市湿地公园，总面积10km²，为方便游客及公园管理维护需要，在湿地内特别是各换乘点及主游线的沿线设置了适量的公厕、住宿用房、管理服务用房，以及部分会所、餐饮等经营性建筑，这些建筑都有相应的给排水设施，整个湿地日产污水总量约800m³。

但是，在湿地条件下如何将污水顺利排出至市政管网，却是一个必须认真考虑的事情。作为湿地保护工程，绝对不能再将污水再直接排入水体，如此就失去了西溪湿地保护开发的意义。

二、排污系统设计

西溪湿地内部河港纵横，水体面积占总面积的72%。用水建筑大部分位于水体环绕的岛上，建筑物用水量小且分散。最远处污水排放点距排污口直线距离达2.5km，在这个距离之间大部分是水体，必须找到一种或几种经济且有效的方法将污水合理排放掉或处理掉。否则，湿地内的厕所及其他排水设施将无法启用。

鉴于湿地内部地形复杂，在湿地内初步考虑了以下几种排水方式：

• 重力流管道排放。

• 穿河港时采用倒虹管。

• 无法采用重力流管道或倒虹管时采用提升泵将污水提升后排放。

• 生化处理系统。

1. 重力流管道排水

所谓重力流就是在没有压力的情况下，完全依

图1 西溪湿地改造前原貌
图2 西溪湿地规划总平面图

图1

图2

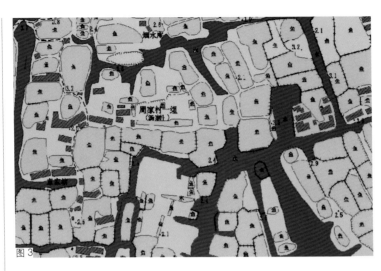

图 3

图 4   污水接口

靠排水管道的倾斜坡度（高差）重力自流。采用重力流管道排放污水是污水排放中最常用的手段，可以采用UPVC波纹管等非承压管材，重力流排水投入使用后不产生动力费用，维护及检修量小，许多建筑小区及公建区块均采用重力流排水。但是重力流排水在湿地中应用时产生了以下几个问题：

（1）湿地内部河网纵横，大型施工机械无法进入开展施工，铺设污水管时只能人工开挖，重力流管道土方开挖量要比压力管道大得多，在湿地公

园中如果采用人工开挖，不仅施工费用会大大增加，而且会使施工周期加长，影响公园开放。

（2）在重力流的管线上会有许多检查井，且排水管一般为承插连接，施工过程中检查井及排水管线很容易产生渗漏问题，这就使得重力流管道的封闭性较压力流管道的封闭性要差许多。而湿地内地下水位较高，这往往会造成下游管线流量大大增加，甚至是整个系统瘫痪。

（3）如何穿越河港。湿地内的河港都有游船（或手划船）通行的要求，这使得重力流管道在过河时，无法直接按照放坡要求直线过河，否则会影响游船通行，这时重力流管道过河只能采用倒虹管。

倒虹管是穿越河港时常用的一种方法，其后期运行费用较低。但是，倒虹管施工要求较高，在湿地内过河需要进行围堰施工或者顶管施工，施工难度大，费用高。更为重要的是倒虹管在应用上有其局限性，根据GB50014-2006《室外排水设计规范》的要求："倒虹管内设计流速应大于0.9m/s。"西溪湿地的排污特点是，污水点分散，污水量较小（只有一个或几个厕所），污水的流量及流速很小，甚至为间断式流量，大部分地方的污水流量达不到倒虹管所要求的不淤流速，故而在湿地内部根本无法采用倒虹管穿越河港。

湿地公园内的景观、通航要求以及湿地公园污水排放的特殊性使得重力流管道在过河港时几乎无法通过。

2. 生化处理系统

该系统是用生化的方法，将污水就地处理达标排后放。

主要工艺流程如下：

厕所污水由污水收集管网收集，提升进入格栅渠（渠内设有格栅，拦截大颗粒悬浮物），再自流进入预处理系统，在厌氧的条件下通过厌氧菌或

图 3　局部建筑布置彩平
图 4　湿地一期排水平面图
图 5　施工现场土方开挖及运输
　　　只能采用船只
图 6　生化处理系统工艺流程图

图 6

兼性菌的作用将污水或污泥中的有机物分解成CH_4和CO_2，使有机物得到降解，污泥得到稳定。同时从填料表面脱下的生物膜在预处理系统中分离，剩余污泥定时抽出外运处理。沉淀出水自流进入生态绿地布水系统，将污水均匀分配到人工生态绿地的生物填料层中，在微生物的作用下，污水中的剩余污染物得以去除，生态绿地的出水达标后排放。本方法可以结合湿地的绿化景观系统进行污水处理，做到污水零排放。

本方法的优点在于：首先，其在工程上是可行的；其次，可以将设备处理与湿地污水处理相结合；其三，节省污水管网。但是生物处理的方法存在以下几点不足之处：

（1）生物处理系统一次性投资较大，占地面积大。

（2）运行养护费用较高，生物处理系统不仅需要污水提升，还需要相应的养护管理费用。

（3）生物处理系统的正常运行需要一个相对恒定的污水量，而湿地公园的旅游有明显的淡旺季，旺季时流量较大，淡季时污水容易断流，对污水处理系统的流量冲击很大，使水质难以控制。

（4）缺少专业管理人员，污水处理系统需要相对专业的管理人员，很多污水处理系统都是由一般的服务人员兼管，结果造成污水处理系统无法正常运行。

类似工程失败案例较多，如：杭州西湖景区苏堤上某公厕，由于距离市政污水管网较远，开始时污水没有排入市政管网，而是采用类似的厌氧处理方式，但由于流量冲击大及管理维护等问题，运行后基本处于瘫痪，使得附近区域经常臭气入鼻。最后，通过2006年"西湖两堤三岛"整治工程，将污水通过提升泵将污水提升至市政污水管网，臭气问题得以解决。

基于以上几点，建设方要求慎用、少用污水生化处理系统。在湿地排水系统中，仅在局部偏远处或采用排水管网施工较困难地方采用了生化处理系统。深潭口地处偏远，当时北侧市政管网没到位，作为课题展示性质做了污水生化处理系统

运行情况：初期运行良好，由于缺少专业人员养护，几年前出水发臭，现在已经停止运行，在附近另设提升泵坑，将污水提升到后来建成的二期污水管网中。

3.采用提升泵将污水提升后排入市政管网
主要流程如图9所示。
在西溪湿地内部，各泵坑埋尽量设于人流较少处，完全埋于地下，无臭无味，尽最大可能降低泵

图 7　污水处理厌氧反应池
图 8　生态绿地布水系统
图 9　潜污泵排水流程图
图 10　多台排污泵串并联示意图
图 11　排水平面图及局部放大图

图7

图8

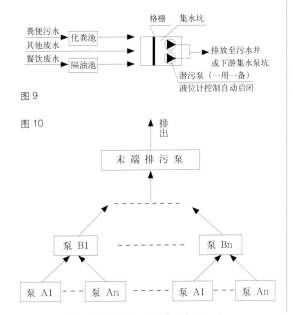

图9

图10

图11

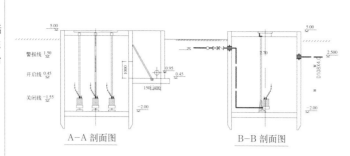
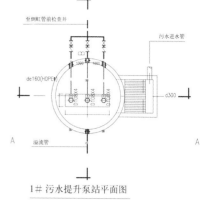

A—A 剖面图　　　　　　B—B 剖面图

1# 污水提升泵站平面图

图 12

图 13

图 14

图 15

坑对景观的不利影响。污水收集后进入提升泵站，各分散污水先经由小的潜污泵提升后汇聚在一起，再经较大泵浦提升排放，以此类推，各大小泵浦并联及串联形成金字塔形污水排放系统。

采用压力流排水管很好地解决上述重力流管线所遇到的困难，压力流的管径很小，人工开槽深度浅，在没有机械支援的情况下，也能够快速方便的施工。

穿越河港时更加灵活方便，管线可以从河底埋设，也可以桥边侧吊装，或者通过桥梁预留设备管线夹层通过，不仅大大降低了施工费用，而且缩短了施工周期。提升泵坑采用钢筋混凝土现浇或ABS工程塑料成品泵坑，压力流污水管可连续穿越若干河道而无需断开，使得整个提升系统处于相对封闭的状态，有效解决了地下水内渗的问题。

采用潜污泵联合排水虽然较好地解决了施工及穿越水体的问题，但是该排水系统仍存在以下几个主要问题：

（1）整个系统采用金字塔式串并联联合运行，当中间环节提升泵出现故障而不及时排除时，易产生污水溢出。

（2）水泵布置非常分散，使用过程中易造成管理人员无法及时准确掌握水泵工况。

（3）该系统组成较复杂，提升泵站部分使用泵浦较多，排污泵达几百台之多，即使在设计及施工时充分考虑了各种故障问题，但采用如此多的排污泵串并联进行排污，其效果如何？日常运行及管理维护费用会否较高？养护费用是否偏高？使用过程中会否维护工作量较大？

建设方、设计方、施工方从实际出发，共同协商，决定采用多台泵浦串并联联合运行的排污方案，并针对该方案的各个问题采取各种措施，以求将上述影响降至最低。主要措施如下：

（1）选用质量较好的排污泵。湿地公园内的污水浓度高，容易含有沙粒、木块、塑料绳等异物，

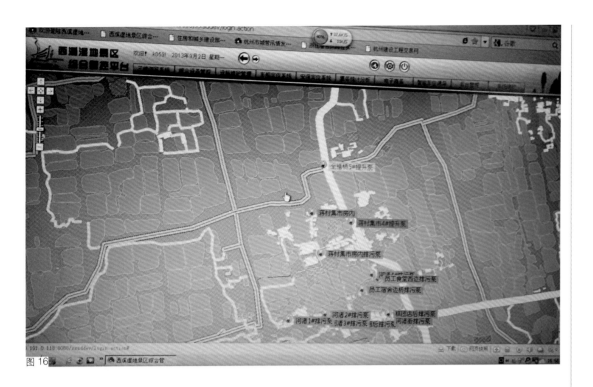

图16

旅游高峰期污水量大，要求污水泵能够长时间不间断运行。这就对水泵在防缠绕、防堵塞、耐磨损等方面有较高的要求。一般的国产泵价格较低，但故障率高，不耐磨损，若采用一般的污水泵，可能会导致故障率较高，出现污水漫流或者无法排放等情况，进而增加养护维修量，选泵时要尽量避免这种情况的出现。

在综合比较了性能、价格、售后服务各项指标后，最终选用了某进口系列涡流潜水排污泵。该系列排污泵由叶轮高速旋转产生强烈涡流实现介质泵送，可以很好地解决缠绕及固体颗粒堵塞的问题，同时，该涡流潜水排污泵具有极低的磨损性，可以实现长期无故障运行。

（2）水泵均采用一用一备，由液位计控制自动运行。为便于检修，水泵安装大部分采用自动耦合安装，拆卸方便，无需井下操作。

（3）为了更好地了解水泵运行工况，在各水泵集水坑中设有高水位报警装置及水泵工况监控装置，所有泵坑中的监控装置都集中于同一控制柜中，控制柜设于由专人值班的管理房中，并通过显示屏显示工况。当水泵故障或污水不能被及时排放，水位上升至警报水位时，故障警报器报警并显示故障位置，工作人员便可及时前往排除故障。本来设计水泵监控设备是设置于房间显示屏上，后公园结合安保、监控、车船调度等与中国移动合作整合成一处管控平台，通过无线信号传送至手提电脑，可在湿地范围内随时随地打开电脑进行管控。

三、结语

在湿地公园内，由各级串或并联的提升泵站组成了一个有机结合的污水排放系统，在西溪湿地国家公园一期开放两年后，二、三期工程相继启动。西溪湿地国家公园全部开放已经三年，一期部分开放运营已满七年，七年来的实际运行情况显示：

1.污水提升所耗电量较之路灯、空调等用电所占比例较小，与公园经营规模、经营效益相比较，可以忽略不计。

2.与各泵组运行基本正常，污水漫溢情况较少发生，水泵维修量较小，公园内排水系统运行基本正常，达到了设计预期的效果，有效地防止了污水外流，保护了湿地的水质。

3.西溪国家湿地公园的运行实例表明在城市湿地公园同等条件下，采用多级串并联提升泵站排除污水的方法在工程上是可行的，它具有初次投资省、施工方便、节省工期等特点，能够快速有效的排除污水，使城市湿地公园在满足旅游接待的同时，又能将污水外排，达到了保护湿地水环境的目的。

具备蓝绿基础设施特征的生态区域规划设计

德国戴水道设计公司／迪特尔·格劳　高　枫

一、引言

　　随着全球变暖、人口增长以及保护自然资源的迫切需要，水与环境的保护逐渐成为热议话题。亚洲各城市经济发展迅速，大批城乡居民涌入大城市，对于资源的需求激增。对于当今亚洲各大都市而言，为了经济的增长和可持续发展，合理运用水资源、严格控制水污染以及保证健康饮用水的供应仍旧是一项艰巨挑战。

　　面对城市发展受到水供应不足以及水质恶化的局面，许多城市政府面临新的考验，且愈发意识到开发全新城市模式的责任感，从而有效地减少污染，循环利用水资源，以更加创新的方式提升废水资源的利用。

二、思维方式的转变

　　在许多亚洲国家，目前的发展模式注重市政基础设施的功能性和操作性，不断兴建的混凝土结构河道和沟渠进一步将自然和人工建成环境隔绝开来。在具体的开发工作中，城市设计师和景观设计师在美化河岸时，没有考虑到河段的宽度、城市的江河网络以及它们对自然和城市环境的影响，以至于限制了水体净化设施的改进，脱离了土壤、水源和植被的生态途径。所幸各国领导人和地方政府渐渐开始意识到生态敏感性城市发展战略以及转换水资源管理执政策略的必要性，否则快速的城市化将成为活力城市的威胁。

三、城市环境和生态需要

　　由于自然水资源、绿地系统和城市模式的分离，加上快速城市化和雨水径流的快速管道收集，城市环境变得日益干燥。水利工程的功能性与其对于城市景观设计美化功能的分离是目前城市发展之中亟待解决的核心问题。城市结构的规划经常忽略水文和自然系统的组织，妨碍了城市水环境的视觉和空间布置。解决以上问题的关键方法便是将水融于自然环境体系，紧密与城市模式相切合，从而实现切实可行的可持续性发展。

　　绿地系统、公园、江流和绿道不仅仅能够装饰街道和建筑，而应发挥更大的作用。作为整体网络的一部分，蓝绿资源（绿植和水体）在保护和维持城市自然环境和改善居民生活质量方面所起的作用不容忽视。我们必须改掉旧习惯并更正"建筑优先，植被、水体以及硬质铺装随后叉缝"的旧观念。未来的城市模式应作为一种功能丰富的体系，具有清晰可见的表观，而其不可见的部分则足够支撑我们的生存，同时为未来续留资源。城市的重要组成元素如森林、自然公园、江流和绿色植被等，作为城市运行的重要部分，应该在开发的最初阶段即被确定下来。

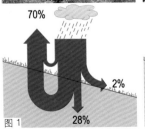

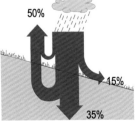

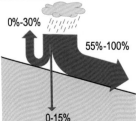

图1

图2

图3

图 1　不同下界面条件下水文平衡的改变
图 2　城市与其蓝绿景观的可持续性融合
图 3　加冷河修复前后对比图片

四、生态城市区域分散化、适应性及人文艺术化

伴随着城市的飞速发展，城市不透水地层的总面积也迅速扩大。大雨倾盆时，暴雨径流导致河流满溢，不得不提高大坝的高度以保护城市免受洪水灾害侵袭。在此情形之下，可采用分散的理念改善城市对其自然资源的利用状况，且改进措施可应用于城市的区域水平。要达到生态城市区域这一概念水平，需要符合一些生态基准，其中包括：分散式雨水管理和水资源循环利用、室外舒适度的改善、绿色植被覆盖率、水分蒸散作用的优化以及通过引入自然元素，提升生物的多样性等。如德国 DGNB 等一些国际基准系统已被建立并开发成为相对成熟的评分系统，作为生态城市区域的衡量标准。

而需要特别注意的是，即使作为资源保护型基础设施，也需要具备特定的主题以提升其品质。公共开放空间的社会文化性在城市区域的可持续发展之中扮演重要角色。众所周知，工程之中的硬质元素即使以生态的方式呈现，也不足以达成一种城市的持续成功的规划，与城市发展概念相关的人文生活领域的文化元素同样必不可缺。

五、利用综合水概念智能解决城市问题

将水敏设计概念融入城市发展概念之中，对于满足未来智能化基础设施需求是十分必要的。采用全新的方式发展水敏城市发展的规划和设计方案，超越实际设计任务范畴，而将其视为更宽广城市系统之中的重要组成部分。坚信每一个项目应当在更大的尺度上发挥积极的作用，同时为当地人们和环境保留区域特色。从总体概念规划到施工阶段，采纳并适应当地文化，思考公共开放空间和水资源以充满活力和热情的方式加以展现。

六、城市公共空间的社会属性

尊重城市的文化和社会特质,进行人性化尺度生态设计,像公园、河流廊道以及其他城市公共空间的设计,应满足越来越多的本质功能需求,为人们提供丰富多彩的生活体验。而社会的日益个性化也更加要求城市空间文化性和功能性的多元化。将自然元素和生物多样性重新植入城市之中,为市民亲身接触本土植物和野生生物提供了条件,使市民体会到自然赋予人类的价值,增强市民对于自然进程的了解及其敏感程度的认识。公共空间应为每一代人留下难以磨灭的记忆,让他们能够走入青山绿水之中,与多样的动植物相互依存。

七、案例分析

(一)新加坡碧山宏茂桥公园和加冷河修复

1. 项目背景

新加坡没有足够的淡水资源,它缺乏天然的地下蓄水层,目前60%的淡水都依赖马来西亚调入。在20世纪60年代,由于经济高速的发展以及人口急剧的增加,使得新加坡面临干旱、洪涝、水污染等环境问题。碧山宏茂桥公园周围(包括加冷河在内)的混凝土河道和运河等最初都是为了缓解洪涝灾害而建。它在当时确实缓解了问题,但在30年之后的今天,简简单单一条笔直的中心运河已经不能满足新加坡城市基础设施的功能和景观需求。另外,这些河道和运河的安全问题也值得考虑,每年都有市民在此地遭遇危险。

由于碧山宏茂桥公园是新加坡国内唯一的一个大型公园,利用率很高,它也成为新加坡国内最受欢迎的公园。该公园于20世纪60年代末建成,随着时代的变更,它需要进行一系列的改造和修葺。另外,园内生物多样性单调,大片的草坪之中零星分布几棵树木,毫无生物多样性可言。现代化的公园必须了解当地的动、植物群落,为它们提供栖息地空间。

2. 项目目标

该项目的目标是改造加冷河以及碧山宏茂桥公园,使之成为新加坡打造绿色城市基础设施的新篇章,既解决新加坡国内水源提供、防治洪灾的需要,也增设更多供人们休闲与娱乐的场所。

新的任务:新加坡国家公园局及新加坡公用事业局旨在将碧山公园与自然河道系统融为一体。相关部门相互配合,负责设计、审批、维护的任务。

新的技术:这是河岸生态修复工程技术第一次应用于热带国家。因河道改造而废弃的混凝土将100%得到循环、再使用。公园用水也通过一个生态水源净化系统进行过滤。不仅如此,改造过程中受到影响的30%的树木也会被保留下来,在公园内其他场地进行种植。

新的参与者:学校的孩子们设计了公园的某些元素。

新的认识:该项目的另一个主要目标就是打造一个市民可以脱掉鞋子、与河流、大自然亲近的场所,帮助市民重拾与自然亲近的人类本质。由此,碧山公园成了一个文化中心,失去的文化遗产和习俗(如社区园艺等)会融入其中。此外,公园内将会提供举办例如观察大自然等文化活动的场所。

3. 项目介绍

新加坡从2006年开始推出活跃、美丽、和干净的水计划(Active, Beautiful, Clean),除了改造国家的水体排放功能和供水到美丽和干净的溪流,河流,和湖泊之外,还为市民提供了新的休闲娱乐空间。同时,提出了一个新的水敏城市设计方法(也被称为ABC在新加坡水域设计的亮点)来管理可持续雨水的应用。作为一项长期的举措,截止2030年,将有超过100多个项目被确立阶段性实施,与已经竣工完成的20个项目一道,拉近了人与水的距离。

碧山宏茂桥公园和加冷河修复是ABC方案下的旗舰项目之一。这是第一个在热带地区利用生态工法(植被、天然材料和土木工程技术的组合)来巩固河岸和防止土壤被侵蚀的工程。生态工法技术包括梢捆、石笼、土工布、芦苇卷、筐、土工布和植物,是指将植物、天然材料(如岩石)和工程技术相结合,稳定河岸和防止水土流失。植物不仅仅起到美观的作用,更是起到了重要的结构支撑作用。它的特点是能够适应环境的变化,并且能够通过日益增加的坚固性和稳定性进行自身的修复。通过这些技术的应用,为动植物创造了栖息地,公园里的生物多样性也增加了30%。

公园和河流的动态整合,为碧山公园打造了一个全新的、独特的标识。崭新、美丽的软景河岸景观培养了人们对河流的归属感,人们对河流不再有障碍、恐惧和距离,他们能够更加近距离的接触水体、河流,他们开始享受和保护河流。此外,在遇到特大暴雨时,紧挨公园的陆地,可以兼作输送通道,将水排到下游。该项目是一个启发性的案例,它展示了如何使城市公园作为生态基础设施,与水资源保护和利用巧妙融合在一起,起到洪水管理、

图 4

图 5

图 6

图 7

图 8

图 9

增加生物多样性和提供娱乐空间等多重功用。人们和水的亲密接触，提高了公民对于环境的责任心。

4. 安全考虑

在碧山公园，安装了全面的河道检测和水位传感器预警系统、警告灯、警笛和语音通告设备，提供出现大雨或水位升高的预警。沿着河岸也设置了一些警告标志、红色标记和浮标。在大雨将要来临前或者水位上升时，水位到达安全节点，河流检测系统将触发警告灯、警报器和语音通报设备，提醒公园游客远离红色标记区。即使在遭遇特大暴雨时，河里的水也会缓慢填充，人们可以从容地从河边转移至更高的地面。此外，在选定的地方还设置了带浮标的安全线、闭路电视和 24 小时巡逻侦察队。

5. 项目经验

最能彰显该创新项目的就是在将混凝土水渠改建成为自然河道的同时，融入了雨水管理设计。这为城市的发展提供了无限可能，比如在管理河流和雨水、自然与城市相结合、提供市民休息娱乐场所等方面。城市一直以来被认为是大自然的对立面，而如今，需要将二者融为一体。城市的韧性需要增强，因为气候变化容易导致洪灾，而干旱期则极大地影响了城市发展。这个创新项目的一体化概念能够帮助新加坡等城市更好地面对未来的挑战。它能够有效地对于雨水进行处理、有助于净化市民的饮用水；能让植物和动物种群回归城市；它还能够为市民创造更多娱乐休闲的场所，并提供更多亲近大自然的机会。

（二）天津文化中心生态水系统及景观设计

1. 项目背景

天津是一座海滨城市，在这里，需要保持较高的地下水位以防止海水倒灌，且干旱、严酷的气候条件并不能有效地防御洪水的侵袭。

2. 项目介绍

天津文化中心作为天津未来的标志性区域，将以"文化、人本、生态"为主题，采取"一湖，一轴，

图 10

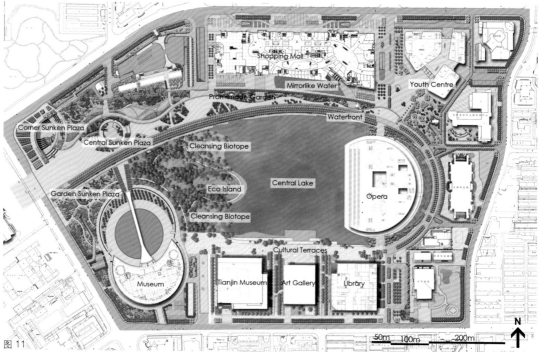

图 11

三区"的规划结构，打造集文化展示与传播、休闲娱乐、商业购物于一体的城市名片。

作为景观轴线，银河广场指向中心湖面，并缩窄为一条流线型、连接众多小型休闲空间的城市园林步行道，创造出了一条充满韵律感的入口序列。当接近公园中心区域的时候，步行道的流线形式变窄，并在湖面开阔景观和大剧院前戛然而止。生态花园、广场、临水平台环绕湖水，引导着游客通往那些讲述艺术和历史的各类场所。在湖面南侧，形成文化核心区，自西向东依次布置天津博物馆、天津美术馆、天津图书馆；提供运动、娱乐的天津青少年活动中心场馆，以及休闲购物的商业综合体则坐落在湖面的北岸。

天津文化中心是一处展示如何转换和开发城市中心高密度区域并保护它免受洪水侵袭的实际案例。这是一种在中国所运用的城市设计的创新方案。作为在天津过去十年间最重要的城市再开发项目，于 2012 年 5 月 20 日正式开放。在 2012 年夏北京、天津等地遭受 60 年来最大的洪水灾害、天津 7 月 26 日强降雨过程中，天津文化中心场地之中地面排水情况良好，截至上午 10 时湖面上升约 40cm，约 4 万 t 水被收集和蓄留，整个场地硬质地表的大部分径流均通过雨水收集和预处理的流程排放入湖。降水后期当水位超过最高设计洪水位后通过溢流阀门开始限量错峰排入市政。雨水经净化后代替了饮用水用于灌溉和补湖，预计全年通过这种雨水再利用方式能够节省自来水费人民币55万元。

雨水管理的精致设计，优美的水体景观，舒适的休闲环境，多功用的城市空间，人性化的公园设施、交通组织，所有这些细节共同营造了一处在天津城市之中供人们游览和探索的好去处。

3. 创新性城市水敏感设计

（1）雨水收集

传统的雨水排放方式会造成开发后的径流增加从而加大了雨水管网的压力及配套设施的造价且非常容易造成内涝。本项目中由于采用了先进的雨水收集理念，将场地大部分雨水通过沉淀管井的预处理、蓄水模块的调蓄、湿地的净化一系列流程收集进入中心湖，大大节省了周边市政管网改造的费用（大概节省了2亿元人民币的间接投资）。得益于蓄水沟的削峰功能，进入模块的径流峰值会从$13m^3/s$削减到$2m^3/s$左右。此外，中心湖是场地雨水起到最终的调蓄作用。经过蓄水沟和中心湖的调蓄，场地内的洪水风险也得到很好控制，排放标准三年一遇，湖体最高水位可容纳10年一遇暴雨，且100年一遇暴雨不漫溢。

（2）湖水循环与净化系统

保持湖中水体的洁净是项目设计和项目维护之中很重要的部分。降雨中的高污染物粉尘含量将导致水中有机物浓度较高，这会加速湖体的富营养化水平，为浮游植物的生长提供有利条件，还致使藻类大量繁殖，最终使中心湖水体恶化。

在汇入中心湖之前对于雨水进行处理成为水体净化过程之中很重要的步骤。中心湖水体将通过撇渣器取水点、循环管线以及生态净化群落的流程以$400m^3/h$的速度对湖水进行循环净化；另外处理间的中水处理设备能够对补充的中水在进入生态净化群落和水体之前进行预处理，加药设备将对湖体进行生态处理方法以外的强化除磷处理。循环净化目标是水质达到地表水环境质量标准III类水质。

生物净化群落是关键的设计内容，它包括了水生植物设计、过滤基层设计以及管道的安装设计。

（3）湖体设计

湖体形态设计由计算机模型生成并优化。模型考虑了水量平衡、水力动态和富营养控制各个方面的参数，以建立一个具有自然自净能力的三维形体，并与驳岸的设计相结合。湖体的完成面非常平缓，方便防渗材料的铺设。

湖体正常水位2.2m，最高水位2.5m，最低水位2.1m。中心湖底建设有净化循环系统的管线和湖体紧急溢流管线。

图12

图13

图14

图 15

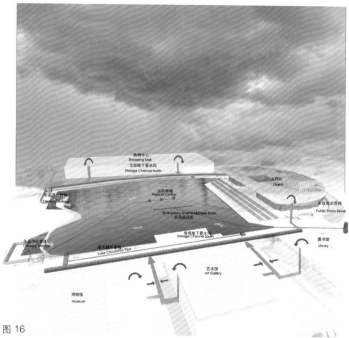

图 16

图 17

| Slot Drain | Filter Mainhole/Sedi-Pipe | Gitterbox Channel | Pump Chamber | Cleansing Biotope | To Lake |
| 缝隙排水沟 | 沉降过滤井/管 | 雨水调蓄槽/蓄水沟 | 泵站 | 生态净化群落 | 流入湖体 |

CIRCULATION AND CLEANSING SYSTEM

湖水循环与净化系统

图 18

图 15　生态净化群落实景图
图 16　雨水收集平面布局图
图 17　雨水收集示意图：来自屋顶、
　　　道路和绿地的雨水流入地表
　　　的排水沟、过滤井和雨水管
　　　道后，经过沉淀井的过滤和
　　　沉淀，流入地下的模块化蓄
　　　水沟里。在蓄水沟中，水流
　　　速减慢并滞留，然后通过雨
　　　水泵站提升至生态净化群落
　　　入湖
图 18　湖水循环与净化系统示意图
图 19　湖体三维设计模型
图 20　天津文化中心周边区域设计

图 19

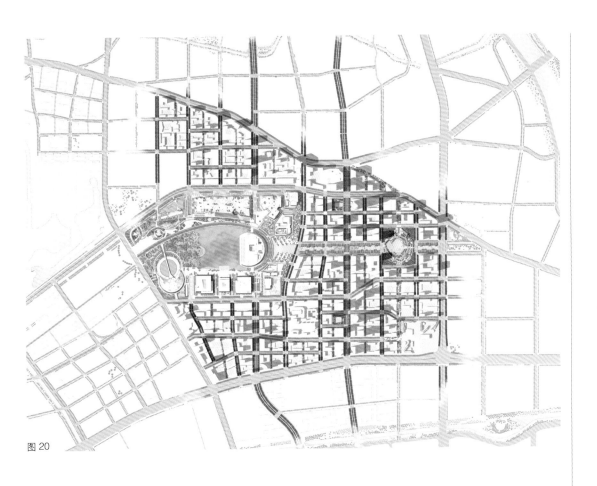

图20

4. 由此向外的辐射作用

天津文化中心是附近区域可持续发展的起点和中心，由此衍生及启动了其周边地区未来的综合、可持续设计、开发、建造，将成为周边地区发展的优异基点。

八、蓝绿基础设施是保障城市区域生态可持续性的关键

要设计打造绿地、水系网络体系，在现有城市之中引入这些绿色鲜活的脉络结构，收集、整合地表之上可见且易于管理的雨水资源十分重要。街景和公园空间功能丰富，可作为重要的功能因素被整合进入水景基础设施之中。公园将设计各种动态、变幻的场地设施吸纳雨水，如湖泊、生态洼地和雨水滞留区，这些场所在干燥无水之时可以作为运动、休闲场地，而当大雨来临之时则充当了雨水滞留区。另外，靠近河流的公园区域应被特别加以重视，贴切的设计能够让人们与水亲近，享受独具魅力的欣赏城市天际线的辽阔视野。同时，这些场地因能够储存雨水而被定义为新型的雨水蓄积区。河岸的边缘线条柔美，植被葱郁，生机勃勃的生态环境有助于河水自然生物系统的平衡，进行河水的自净。伸脚可入、经生态修复的河岸区域，逐渐成为社区的宝贵资产以及休闲和社交中心。结合当地本土植物的应用，蓝绿网络基础设计为城市之中的人们创造了新的居住环境和优美的景观，并有效地提升了生物的多样性。街道的功能也兼具多元性，除了提供交通行走以及附近街区孩子们玩耍、行走及其他社区活动的空间之外，在大雨天气，街道能够疏散雨水，提供保护建筑物的泄洪通道。

在关注亚洲国家快速发展的同时，气候适应尤其是对水资源的合理、有效利用应当得到重视。历史悠久的城市疲于应付热岛效应和洪涝灾害，因此它们的宜居性则要依靠智能性的改进，规划合理的公共开放空间将有效缓解这些因素造成的不良影响。

对于我们景观设计师而言，使人们在城市过得更加舒适是我们引以为豪的责任。将简洁大方的设计融入现代城市的复杂组成部分，我们可以重塑城市形象，改善城市空间。未来，当孩子们在城市之中可以体验自然风光之时，我们的后辈将因此而受益。

山地公园的水电设计探索

——涪陵白鹤森林公园水电设计的几点思考

重庆市风景园林规划研究院／罗　毅

随着城市化进程的加速，越来越多城市周边的山地丘陵纳入了城市规划区，这些山体林地地形复杂，高差变化大，部分地段存在地质灾害隐患，但又对城市的生态起着重要作用，许多地方尤其是重庆这样的山地城市就将这类山体林地建设成为公园，供市民观光、休闲、娱乐。

水电设计作为公园设计的重要组成部分，对公园的景观效果营造、基础设施顺利运行中起到较大的作用，而山地公园在水电设计中又有其特殊性，本文以重庆涪陵白鹤森林公园水电设计为例，探索山地城市水电设计的思路，与业内同行交流。

图 1　涪陵白鹤森林公园鸟瞰图
图 2　涪陵白鹤森林公园设计电气管网平面图
图 3　涪陵白鹤森林公园设计给排水管网平面图

一、涪陵白鹤森林公园简介

涪陵白鹤森林公园地处重庆涪陵江南片区，公园总面积 86hm²。公园规划以"生态、休闲、健身"为主题，定位为一个集生态涵养、康体娱乐、文化传承、应急避险为一体的综合性城市公园。公园以"通向自然的轴线——营造人与自然的和谐"为主脉，呈现出"一轴、一环、两片、六区"的空间布局结构。形成了入口区、生态健身休闲区、精品游赏区、滨湖休闲区、生态涵养区、企业景林区等六个功能区。

二、水电管网设计

管网设计中主要是电气、弱电、给水和排水管网的设计，本设计中考虑到山地地形、配电房的具体位置、给水取水口的位置和城市管网系统相结合来统一考虑合理的布置各类管网。

（一）照明设计

1. 照明设计的基本要求

本公园要满足道路的基本照明和景点的景观照明，合理地布局各个配电箱并根据新建配电室确立正确的电气管网路线。配电箱位置要位于各回路负荷中心点，要找到这个点需要分析各回路负荷满足线路压降不超过供电电压的 5%，控制箱内三相的每相总负荷尽量接近，设计灯具尽量采用节能灯和 LED 灯。

对于电气管网中主电缆的设计，应根据实际情况为未来适当预留一些电力负荷，即适当增大一些路段的电力电缆线径。本公园的一个中心满陇桂雨广场，设计之初业主出于管理的需要，夜间不开放，故夜间公众集体活动的照明灯具没有设计。但我们在施工图设计中提出为了长远考虑，广场设计应满足一些必要的夜晚照明装饰和集会活动的需求，设计中预留了用电负荷，本项目施工完成后不久，业主在广大群众的呼吁下，要求增加此广场的夜间活动照明，很快就解决这个问题，也避免了二次布线的麻烦和节约了成本。

图1

2.灯具间距考虑

灯具间距由下面因素决定：（1）道路的宽度；（2）灯具高度；（3）公园的位置。道路有分主路和支路，主路的灯具密些，支路的灯具疏些；4.5m或以上路灯间距为 25～35m，3.5m 或以下灯间距在 15～25m；根据市区公园或市郊公园的人流量而考虑灯具间距准则为：人流量少取较大值，人流量多取较小值。

涪陵白鹤森林公园是一个大型森林公园，临城市区域道路较宽，游人较多，是人们主要玩耍之地，而离城市较远位置，则道路较小且游人较少，道路崎岖漫长，故灯具设计间距不同，主入口 19m 宽梯道的庭院灯灯距为 15m 左右，4m 宽的梯道和消防通道的庭院灯灯距为 25m 左右，1.8m 和 2.4m 宽步道的庭院灯灯距为 35m 左右。从而满足不同道路照明需求又节省工程造价。

（二）排水设计

涪陵白鹤森林公园为山地公园，公园的雨水排水根据道路和坡地的现状，通过边沟和排水明沟来疏导雨水，排入水塘、泄洪沟和城市雨水网管中。公园的污水管网主要是为园内分布于不同位置的10 个厕所而建立，每个厕所设置一个生化池或化粪池，并根据厕所距离城市的位置而决定其化粪池污水的处理方式：若位置距离近可就近排入城市污水管网中，若其位置距离较远则选择人工定时清掏污水和污泥。

（三）水景水电设计

在水景施工图设计中，必须紧密地与方案设计师和景观设计师随时无间隙的沟通，了解他们的设计意图，这样可以解决方案设计或施工设计中出现的种种问题，这些问题会在施工中遗留下大麻烦，从而会减小水景效果，导致设计失误。

1.弥补施工图中的错误

在水景设计过程中，水景由处于高位的东侧以跌水的形式流向低位的西侧，西侧的水景分为两道不相通的水道，这会造成西侧两边水位不相同，考虑到这对景观的影响，在西侧尾端设置了 3 根D110 的排水管来贯通两边，并加上 DN100 的闸阀以便方便两边水道的各自清洗。这点可以看出有时景观设计师无法考虑到一些细节问题，由相关专业的水电设计师就能弥补一些失误，避免了景观设计中的问题。

2.水景跌水样式的实施效果

在水景跌水样式设计过程中，景观设计师根据

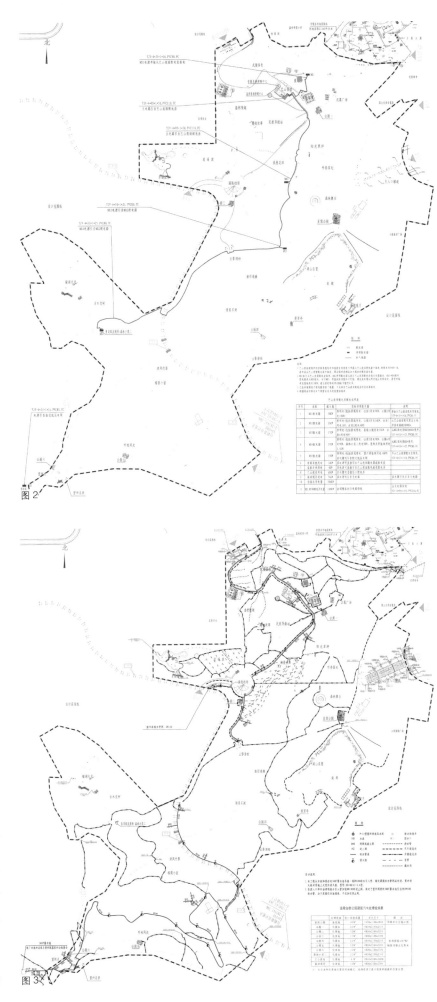

图2

图3

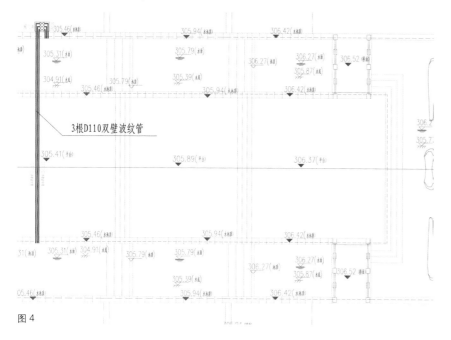

图 4

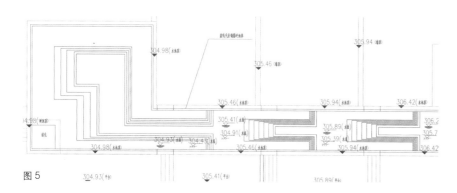

图 5

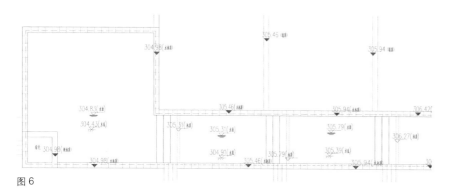

图 6

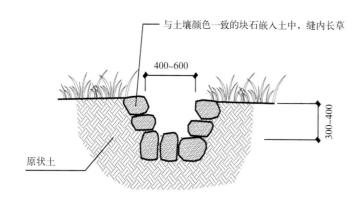

图 7

方案设计师做出水景的跌水样式示意图，水景由三段从东向西的梯级式跌水组成，但实际中各个跌面的水流不会一致，这样会形成在看面上有的跌面有水，有的地方没水，造成达不到跌水水景的效果。在经过讨论后，修改成水景的新跌水样式示意图，此水景跌水样式简单明了，实施起来比较容易达到水景效果。

三、山地节约型公园的独特设计

（一）生态排水明沟

山地公园存在强暴雨易发山洪、山体滑坡等自然灾害，因此排水是否通畅是项目建设中的重要一环。公园场地多为黏性土壤，不耐涝；而施工建设改变了原始的汇水线路和汇水区域。排水工程难以一次完成，为尽快将山水排除，需要根据现场实际情况不断加密排水设施。为达到施工灵活、简便、功能有效、造价低廉的目的，坡地内排水采用生态排水明沟。

具体做法为：先挖排水沟宽 400 ～ 600mm，深 300 ～ 400mm，水量大时取大值，水量小时取小值，材料采用与土壤颜色一致的块石，直接嵌入沟内侧壁和沟底。同时，有利于沟内缝隙长草，视觉上弱化了明沟的功能性。

（二）解决步道的蠕动滑移

涪陵山地土壤为黄壤土质，下雨后土壤会吸水，水渗透到土里而造成土壤排水不畅。在涪陵白鹤森林公园前期建设中，施工方建造的梯步在下雨后，发现梯步变形并往下滑落，造成整个步游道报废的事情，在调查此事过程中请教涪陵本地的专家，他们谈到本地土壤确实存在这种问题，也是本地建设中的一个难题—蠕动滑移。在讨论这个问题时，发现其原因就是土中含水分而导致土上建筑物不稳定，造成滑坡结果，只要排出土中的水分，就能消除滑坡的隐患，在此分析的基础上，对梯步的垫层做了大的改进，加入了大量的盲管来引出土中的水，从而达到了梯步地基稳定的效果。

四、方案设计的提前介入

一般景观工程设计阶段分为方案、初设和施工图三个阶段，以往水电专业是在做初设阶段才介入，由于进入时间较晚，所以很多时候才发现后期可能实施起来很困难，会有大的方案调整，对于整个项目产生不良的影响。本项目整个团队各专业在一开始进入方案阶段就配备完整，在方案阶段对雨水排水管网、污水管网、电气和弱电管网进行了详细的分析和论证，具体工作如下：（1）整个公园地势较陡，在夏季暴雨季节大量雨水对山体和道路会有有害的破坏，及早地对各个路段的雨水排水系统的走向进行了布置，防止了遗漏现象；（2）根据公园的各种设计数据，如道路长度和宽度、绿地面积、水体面积和深度、建筑用地面积和建筑总面积、场地面积等，对整个公园的用电量做了估算，为提前向电力部门申请电力变压器做好了准备工作，也为变压器选址打好了基础;（3）各个专业在考察现场时，会经常相互交流，避免因为某专业人员不在而造成的专业错判，减少了设计时的弯路，各个专业人员平时也及时互相配合和讨论，对于方案的设计成功起到一定的作用。

五、结论

山地公园绿地景观的水电设计是一个系统工程，体现了电气技术、景观设计、文化艺术及给排水技术的完美结合，在整个项目从方案、初设和施工图设计各个阶段，都需要水电专业设计师介入，特别是对方案开始时对电气管网和给排水管网的走向布置、把握水景景观与水电的协调和可实施性，施工图设计阶段时的山地节约型公园的独特设计及道路灯具间距的准确考虑，合理的水电设计既能做到美观又节能，又能在规范和安全标准上达标，为城市建设增添亮点和魅力，又愉悦人们的身心，实现城市绿肺和低碳理念的现代山地园林景观。

参考文献

[1] 李渊.重庆市山地公园园林建筑外环境设计研究.西南大学硕士学位论文，2011：9.

[2] 李鑫.景观照明设计与应用.化学工业出版社，2009.5.

[3] 罗毅.重庆园博园电气管网设计.风景园林，2011（A02）.

项目组成员名单
项目负责人：唐瑶
水电专业负责人：罗毅
项目参加人：唐瑶 秦江 罗毅 赵先芳
　　　　　胡任峰
项目演讲人/撰稿人：罗毅

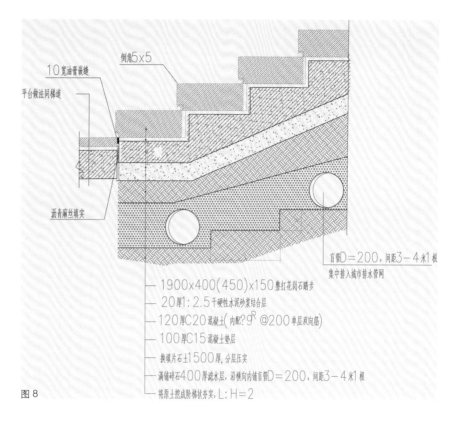

倒角5x5
10宽油膏嵌缝
平台做法同梯道
沥青麻丝填实
盲管D=200,间距3-4米1根
集中排入城市排水管网

— 1900x400（450）x150整块花岗石踏步
— 20厚1：2.5干硬性水泥砂浆结合层
— 120厚C20混凝土（内配φ9R@200单层双向筋）
— 100厚C15混凝土垫层
— 换填片石±1500厚，分层压实
— 满铺碎石400厚滤水层，沿横向内铺盲管D=200，间距3-4米1根
— 将原土挖成阶梯状夯实，L：H=2

图8

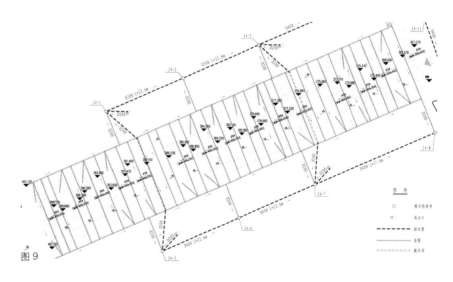

图9

图4　水景连通管道示意图
图5　水景的跌水样式示意图
图6　水景的新跌水样式示意图
图7　生态排水明沟做法
图8　主入口踏步做法
图9　主入口盲管排水图

图书在版编目(CIP)数据

风景园林师 13　中国风景园林规划设计集/中国风景园林学会规划设计委员会等编. —北京：中国建筑工业出版社，2014.6

ISBN 978-7-112-16988-7

Ⅰ. ①风… Ⅱ. ①中… Ⅲ. ①园林设计－中国－图集 Ⅳ. ① TU986.2-64

中国版本图书馆 CIP 数据核字（2014）第 131013 号

责任编辑：田启铭　郑淮兵　杜　洁
责任校对：陈晶晶　关　健

风景园林师 13

中国风景园林规划设计集

中国风景园林学会规划设计委员会
中国风景园林学会信息委员会　编
中国勘察设计协会园林设计分会

*

中国建筑工业出版社出版、发行（北京西郊百万庄）
各地新华书店、建筑书店经销
北京圣彩虹制版印刷技术有限公司印刷

*

开本：880×1230毫米　1/16　印张：10　字数：310千字
2014 年 8 月第一版　2014 年 8 月第一次印刷
定价：99.00元
ISBN 978-7-112-16988-7
　　　　　（25713）